Jürgen Claus

Kulturelement Sonne

Das solare Zeitalter

EDITION INTERFROM

TEXTE+THESEN Sachbuch
Originalausgabe

Vertrieb für die Bundesrepublik
Deutschland:
VERLAG A. FROMM, Osnabrück
Umschlaggestaltung:
Sylve Ehrnsberger
unter Verwendung einer
Holographie-Installation
von Setsuko Ishii
Gesamtherstellung:
Druck- und Verlagshaus FROMM
GmbH & Co. KG, Osnabrück

ISBN 3-7201-5274-X

Die Deutsche Bibliothek –
CIP-Einheitsaufnahme

Claus, Jürgen:
Kulturelement Sonne:
Das solare Zeitalter/
Jürgen Claus. –
Zürich: Edition Interfrom;
Osnabrück: Fromm, 1997
(Texte + Thesen; 274)
ISBN 3-7201-5274-X

Für Frei Otto,
der die Architektur zur Kunst erhebt,
das Erkennen der Natur
zur Grundlage des Entwerfens macht
und in der vollendeten Harmonie mit dem Biotop
die extrem künstlerische Form sieht.
Er hat sein weitreichendes Wissen
warmherzig und weltweit an nicht zählbare
Menschen – Architekten, Designer, Forscher,
Künstler, Biologen und Physiker – weitergegeben.

Inhalt

Vorwort

Vor meinem Fenster strecken sich die Lichtempfänger der Margeritenblumen begierig nach Süden. Sie saugen das Licht ein, das ihnen Substanz und Energie gibt. Jede Blume, jede Pflanze ist Teil der Lichtwelt, eines kosmischen Organismus. In ihrer Form ist die Metamorphose der Formen enthalten, die ihr Weiterleben sichert.

Unsere menschlichen Welten sind ebenso Teil einer Metamorphose. Was gestern galt, muß heute und morgen nicht mehr gelten. Unsere Bezugssysteme sind nicht mehr überwiegend Teil einer durch Jahrmillionen gewachsenen Biosphäre. Wir haben sie dazugenommen und ausgebeutet, haben die Rohstoffe und Energiesysteme potentiell mit dem Wachstum unserer Spezies neu definiert und verbraucht. Jetzt müssen wir uns, um einer gefährlichen, ja tödlichen Spirale zu entkommen, als ein Teil des gesamten Bios überprüfen.

Das solare Zeitalter ist ein inhaltlich bestimmtes Ziel, dessen Konturen nunmehr zu erkennen sind. Im wesentlichen bedeutet das, die menschliche Existenz, unsere Rohstoffe, Energien und Technologien und deren Herstellung, Verteilung und Anwendung wieder in einen Kreislauf mit der durch das Zentralgestirn Sonne bestimmten Biosphäre zu bringen.

Symbolische Formen, wie sie die Kultur bereitstellt, sind dafür grundlegend. „Kulturelement Sonne" gibt eine Wegbeschreibung, verweist in Art einer solaren Kartographie auf kleine Orte, Techniken und Prozesse, die das solare Zeitalter bereits heute aufscheinen lassen. Das Buch hat seine Aufgabe erfüllt, wenn der Leser sich anhand dieser Kartographie weiter bewegt, selbst initiativ wird, in die leeren Teile seine eigenen Erfahrungen eingibt.

„Kulturelement Sonne" ist insofern neuartig, weil der Band durchgehend auf eine enge Verknüpfung setzt, die Geschichte, Gesellschaftspolitik, Ökonomie, Technologie, Architektur, Klang, Design, Biologie und Kunst als Bezugsfelder hat. Da das Buch ein Künstler schreibt, der aktiv im solaren Kontext arbeitet, zielt es auf Anschaulichkeit, Erlebnis, Unmittelbarkeit der symbolischen Formen. Das soll auch durch die Vision einer „Solaren Documenta 2010" betont werden, die das Buch abschließt. Mit der Sonne gestalten heißt, Vertrauen in die Wirkweisen und Strategien der Biosphäre zu entwickeln. Indem wir sie erforschen und unser Leben daran ausrichten, haben wir die Chance, ein menschenwürdiges Weiterleben zu gestalten.

Baelen/Belgien und Düsseldorf, Herbst 1997

Jürgen Claus

Solare Strategien

Solare Gestaltung

> *„Wenn Imagination, Kunst & Wissenschaft und alle intellektuellen Geschenke, all die Gaben des Heiligen Geistes als nutzlos angesehen werden und dem Menschen nur noch der Wettstreit bleibt, dann beginnt das Jüngste Gericht.“*
>
> William Blake, A Vision of the Last Judgement, 1810

Die kulturelle Begründung

Mit der Sonne gestalten! Neben all den abschüssigen, weil am Untergang fixierten Szenarien bleibt ein Ausweg, an den wir unsere Aktivitäten, unser Denken, unsere Erlebnisfähigkeit und -bereitschaft binden können. Genau betrachtet ist es keineswegs ein Ausweg, sondern eher ein Königsweg, wenn wir ein solches Wort in den Mund nehmen wollen, oder anders gesagt: es ist ein Hauptweg, auf dem wir Energie schöpfen, Begeisterung und Visualität praktizieren, der unser psychisches und physisches Wohlgefühl anregt.

Dieser Weg des solaren Gestaltens ist langfristig in die Zukunft hinein anzulegen, das heißt, auch *kulturell* zu begründen. Bei aller Tagesaktualität politischer und gesellschaftlicher Veränderungen ist das solare Gestalten so breit und umfassend zu konzipieren, daß es in die Zukunft führt als tragendes Bauelement einer solaren Gesellschaft. Deshalb werden in diesem Band gestalterische, architektonische, künstlerische, forschende Planungen und Ausführungen vorgeführt, damit die kulturelle Begründung als Einheit in ihrer ganzen Breite sichtbar wird. Dabei ist solares Gestalten auch in der Rückschau auf Erd- und Kulturgeschichte sowie auf Technik und Forschung zu sehen, zumindest skizzenhaft.

Die erdgeschichtliche Solarbestimmung

„Die Biosphäre", entsprechend der Definition des russischen Naturwissenschaftlers Vladimir Vernadskys (1863–1945) in dessen gleichnamigem Buch, „kann man begreifen als den Teil der Erdkruste, der ausgestattet ist mit der Kraft, die kosmischen Strahlungen in aktive irdische Energie zu übersetzen. Die Strahlen der Sonne bestimmen die Hauptcharakteristiken der Mechanismen der Biosphäre."* Myriaden von Atomen erschaffen im solaren Raum unter der formenden Einwirkung der Sonne ein planetarisches, biosphärisches Feld von Lichtempfängern, Lichtwandlern, Lichtleitern, das der lebenden Materie entspricht. Unsere Sprache – mehr noch die angelsächsische als die deutsche – trägt dieser Orientierung nach Licht und Sonne (= Helios) durch vielfältige Bezeichnungen Rechnung.

Heliochemisch: Sonnenstrahlung verursacht chemische Reaktionen;

* Alle Zitate des Buches sind im „Baukasten zur Solarliteratur" nachgewiesen.

Heliochronometrie: Zeitverlauf durch Sonneneinstrahlung;

helioelektrisch: Sonnenstrahlung erzeugt Elektrizität;

Helioskop: Instrument mit Lichtabschwächung zur Beobachtung der Sonne;

Heliostat: apparative Nachführung des Sonnenlichtes;

Heliotherapie: heilende Behandlung durch Sonnenlicht;

heliothermal: Sonnenstrahlung erzeugt Hitze;

heliotropisch: dem Sonnenlicht nachfolgend;

heliozentrisch: Sonne als Mittelpunkt.

175 Milliarden Megawatt Energie empfängt die Erde ständig von der Sonne. Jedem Quadratmeter Erdoberfläche in Meereshöhe werden pro Tag etwa 870 Watt als Licht und Wärmestrahlung zugeleitet. Folgt man der Geschichte des Planeten Erde in die Vergangenheit, so entstand nichts ohne die Sonne – sei es unter der Meeresoberfläche das Plankton (immerhin die Hälfte der lebenden Materie, die auf unserem Planeten erzeugt wird), sei es die Welt der Pflanzen, Blätter, jedes Wachstum, das in der Erdkruste beginnt. Um es mit Quantitäten zu belegen: jährlich werden 467 000 Milliarden Kilowattstunden Sonnenlichtleistung durch die und in der Assimilation der Pflanzen verarbeitet. Davon verbrauchen sie 190 000 Milliarden Kilowattstunden als energetischen Eigenbedarf und legen ca. 280 000 Milliarden Kilowattstunden in ihren eigenen Energiespeicher fest.

Die kulturgeschichtliche Solarbestimmung

Neben der erdgeschichtlichen Situation charakterisiert solares Gestalten seit Jahrtausenden die kulturellen Entwicklungen der Menschheit. Das hat niemand anregender untersucht als der deutsche Ethnologe, Forscher, Schriftsteller Leo Frobenius (1873–1938). Dabei lag seiner Auffassung nach eine wesentliche Deutungsschicht in der Beziehung von Kultur und Kulturformen zu den Gegebenheiten der geographischen Gliederung und Bestimmung. „Paideuma“ (Griechisch: das durch Erziehung Gewonnene) ist das Wesenhafte einer Kultur, eines geographischen Raumes, eine Art Seele des Raumes, wie er es in „Paideuma. Umrisse einer Kultur- und Seelenlehre“ und „Paideuma. Erlebte Erdteile Bd. IV“ formulierte.

Frobenius untersuchte in seinem Buch „Vom Kulturreich des Festlandes“ die formende Kraft der *solaren Kulturzonen,* die sich über Südeuropa, den südlichen Mittleren Osten, Indien, Südchina, die pazifische Inselwelt bis Mittelamerika und zu dem nordwestlichen Südamerika erstreckt [Abb. 1]. Sie gehören den Kulturen des Seeverkehres an, im Gegensatz zu den fossilen und lunaren Kulturzonen, die er den Landkulturen zurechnet. Gemeinsamkeiten innerhalb des riesigen solaren Kulturraumes erstrecken sich auf Ausformungen der Zahlen, der Mythen, der materiellen Kultur. Die Kultur eines solaren Zeitalters entwickelt sich.

Die Verteilung des Lichtes bestimmt die Kulturen, der *solare Raum* wird damit formativ für den *Kul-*

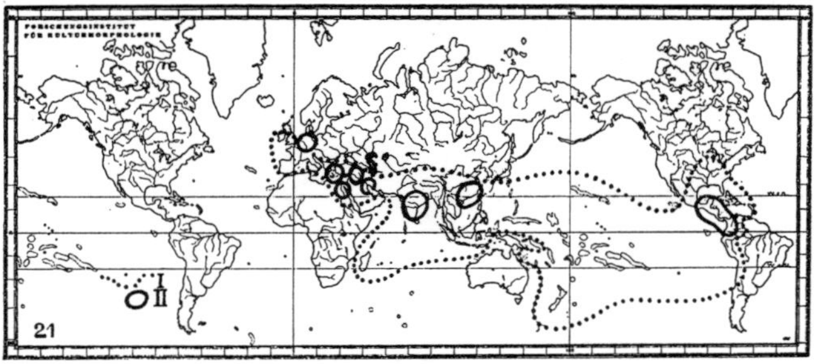

Abb. 1 Leo Frobenius zeichnet so die Lage der acht Hochkulturen im Raum der solaren Kultur, der durch die gepunktete Linie dargestellt ist. Von rechts: die amerikanische, chinesische, indische, babylonische, arabische, ägyptische, ägäische und gotische Kultur. *(Aus: Leo Frobenius, Vom Kulturreich des Festlandes. Wegweiser-Verlag, Berlin 1923)*

turraum. Durch das lichtbestimmte Auge – das Auge als Gegenpol des Lichtes – entsteht in der Tektonik, in der Architektur eine lichtgeborene Welt. „Religion, Kunst, Denken sind für das Licht entstanden", sagt zeitgleich Oswald Spengler (1880–1937). Er adaptiert Forschungen von Frobenius zur solaren Kultur, formt sie allerdings in den Umrissen einer Morphologie der Weltgeschichte, die er 1923 als „Untergang des Abendlandes" veröffentlicht, zu seiner eigenen Theorie der ursprünglichen Lichtwelt um. „In dieser Lichtwelt, welche alle Wissenschaft nur durch mittelbare, innerliche Augenvorstellungen – ‚theoretisch' – umdeutet, geschieht es, daß auf dem kleinen Erdenstern menschliche sehende Scharen wandern, daß das ganze Leben mitbestimmt ist davon, ob die Lichtflut des Südens über der ägyptischen und mexikanischen Kultur oder Lichtarmut über dem Norden liegt."

Solarbestimmte Bauten

Die Geschichte der sonnenbezogenen Bauten beginnt offenbar mit der Geschichte des Bauens selbst. Die Bauarchäologie fördert immer wieder solarorientierte Strukturen und Relikte zu Tage. Das gilt für kleine Siedlungen der Ashantis im Südwesten der heutigen USA wie weltweit für die großen und berühmten Tempel, Pyramiden, Sonnen-Kalenderbauten [Abb. 2]. Die solare Ausrichtung der ägyptischen Tempel nimmt grundsätzliche Bedeutung an. Amenophis IV. (1375–1348 v. Chr.) benannte sich selbst nach „Aton", der einzigen Gottheit, deren Symbol die strahlende Sonnenscheibe wurde. Dieser Echnaton (= es gefällt dem Aton) errichtete zwischen Theben und Memphis die neue Sonnenstadt Achet-Aton (= Horizont des Aton). Ramses II. (1301–1235 v. Chr.), der Erbauer des Sonnentempels von Abu Simbel, wird am Ende eines langen Schachtes – zwischen einer Götterdreiheit von Sonne, Licht, Aufgangshorizont thronend – zweimal jährlich, nämlich zur Frühlings- und Herbstgleiche, für wenige Minuten von der aufgehenden Sonne bestrahlt.

Neben den solaren Großbauwerken darf man nicht vergessen, daß sich die Menschen ebenso in ihrem täglichen Lebens- und Wohnbereich wenn möglich stets an der Sonne orientierten. Die solare Ausrichtung der Häuser wurde für das antike Athen wie

Abb. 2 Kalenderbauten wie hier das große östliche Ram Yantra in Jaipur, Indien, beziehen seit altersher die solaren Konstellationen ein. Im Inneren des Instrumentes sind kreissektorförmige Steinplatten der Horizontalebene und ein senkrechter Mittelstab sichtbar. *(Foto: Die Neue Sammlung, München)*

für das antike Rom maßgebend, wobei der Einsatz von Glas oder Vorformen von Glas im ersten nachchristlichen Jahrhundert den römischen „heliocaminus“, eine Art Solarofen, ermöglichte, mit nach Südwesten ausgerichteten Fenstern. Damals entstand auch eine Gesetzgebung, die den solaren Zugang des Hauses schützte.

Solare Techniken

Techniken zur Gewinnung von Energie aus Wasser und Wind sind den solaren Techniken zuzuordnen. Hier liegen enorme Potentiale bereit, die uns auch in ihren gestalterischen Möglichkeiten interessieren. Beispiel Windenergie, der man sich seit alten Zeiten etwa zur Fortbewegung der Schiffe, zum Antrieb von Mühlen etc. bediente. Die Vielfalt der Gestaltung wird offensichtlich, wenn man eine Übersicht von den jahrtausende- und jahrhundertealten Windkraftanlagen bis zu den aktuellen Windenergie-Feldern etwa beim nordamerikanischen Palm Springs aufstellt, also das gesamte Feld vom Windrad bis zum Darrieus-Rotor mit vertikaler Achse einbezieht.

Die solaren Lichttechniken wurden zunächst benutzt, um Lichtenergie zu bündeln, sie zu konzentrieren, wie das berühmte Beispiel des griechischen Mathematikers, Technikers und Physikers Archimedes (um 287–212 v. Chr.) zeigt, der mit Hilfe eines stark reflektierenden Kugelspiegels aus Metallschildern eine Technik fand, römische Schiffe in Brand zu setzen. Im Laufe der Jahrhunderte wurden immer raffiniertere Formen und Materialien erfunden und angewandt, um das Sonnenlicht als Energie zu verwenden. Der entscheidende Sprung ins Heute wurde mit der Technik elektrischer Lichtzellen gemacht, woran so unterschiedliche Personen wie Heinrich Hertz, Werner von Siemens, Max Planck und Albert Einstein beteiligt waren. Nach der Erfindung der Solarzelle im Jahre 1954 kommt eine neue Qualität in der solaren Energietechnik auf.

1997 werden weltweit Module mit unterschiedlichen Solarzellen für über 100 Megawatt produziert. (1 Megawatt, abgekürzt MW, entspricht 1 Million Watt.) Für die Jahrhundertwende wird eine Nachfrage von 205 MW im günstigsten, 140 MW im ungünstigsten Fall vorausgesagt. In Deutschland sind einige Projekte im Megawattbereich in Vorbereitung, so die 38-MW-Projekte in Gelsenkirchen und Alzenau (Bayern). Im asiatischen Raum wird die Installation von 9 MW durch die Weltbank in Indien betrieben; das Potential in China bis zur Jahrhundertwende wird auf 26 MW geschätzt. Hauptanwender sind die Landwirtschaft, die Wasserversorgung und der Telekommunikationsbereich.

„Kulturelement Sonne“ handelt nicht von Geschichte, Gegenwart und Zukunft der technischen wie großtechnischen Photovoltaik-Anlagen. Vielmehr geht es hier um grundsätzliche, sich abzeichnende Entwicklungen, die anhand erfahrbarer Beispiele, Metaphern oder Symbole belegt werden. Wenn auch angesichts des heutigen Energiekreislaufs im Mikrobereich angesiedelt, vermitteln sie trotzdem erlebbare Schritte in ein solares Zeitalter; sie haben die Zukunft auf ihrer Seite – davon ist der Autor zusammen mit vielen Solarenthusiasten, Solarkämpfern und Solarrealisten überzeugt.

Solare Gesellschaftspolitik

Solarkunstpfad – Solarpark – Solarcampus

In dem Buch „Das elektronische Bauhaus – Gestaltung mit Umwelt", das dem vorliegenden in der Reihe TEXTE + THESEN um zehn Jahre voranging, habe ich die gesellschaftspolitische Durchsetzung der Ziele eines solaren Zeitalters mit den Sätzen gekennzeichnet: „Nur wenn die Sonne Macht erhält, wenn in einem Sonnen-Parlament die Sonnen-Volksvertreter für die Volksenergie Sonne eintreten beziehungsweise sie später zur legitimen Grundlage der Energiepolitik machen, nur wenn diese Umkehrung der Energiebewertung vollzogen ist, können wir von einer Energiepolitik mit Umwelt sprechen."

Sind wir heute nicht von einem Sonnen-Parlament, Sonnen-Volksvertretern und einer Volksenergie Sonne weiter denn je entfernt? Nein, die Entwicklung hat nur mehrere Gesichter, die sich auf den ersten Blick ausschließen. In den Schlagzeilen der großen Politik scheint die Sonne nicht. Um so erfreulicher ist es aber, daß an der Basis, beispielsweise in Kommunen, Ausbildungs-, Weiterbildungs- und Informationsinstituten, Sonnenwege entworfen und realisiert werden. Sie alle sind von einem Gestaltungs-Umbruch auf den Gebieten Energie, Rohstoff, Technologie, Kultur zum solaren Zeitalter hin überzeugt und wollen praktische wie deutliche Zeichen setzen. Hier ein kurzes Szenario einiger Solar-Aktivitäten.

Die Stadt Ulm rief 1996 zum Solarjahr aus. Im Mittelpunkt stand der publikumswirksame Wettbewerb von Solarflugzeugen. Das Ziel war ein personentragendes, praxistaugliches, eigenstartfähiges und ausschließlich mit Solarenergie betriebenes Flugzeug. Ausstellungen und Vorträge begleiteten das Projekt zwischen solarem High-Tech und High-Nature, was wiederum zu einer Fachmesse für regenerative Energien und energiebewußtes Bauen überleitete, bei der Markteinführung und Umsetzung im Vordergrund standen. Solarmobile und eine solare Regatta brachten die Leistungsfähigkeit heutiger Solarenergienutzung der Öffentlichkeit näher. Eine Solarstiftung, von den Städten Ulm und Neu-Ulm getragen, hat die Aufgaben einer kommunalen Energieagentur übernommen.

Kunstwerke, die mit Sonne, Wind und Wasser angetrieben werden, vereinte die Ausstellung „sculptura" auf dem Ulmer Oberberghof, dem geographischen Zentrum der Wissenschaftsstadt Ulm [Abb. 3]. Die Ausstellung gliederte sich in den weltweit einmaligen Kunstpfad der Universität ein, der auf das Engagement des Unfallchirurgen und Kunstmäzens Caius Burri zurückgeht. Die Stadt an der Donau hatte ein breites Spektrum entfaltet, die Weichen einer solaren Gesellschaftspolitik waren beispielhaft gestellt worden.

Abb. 3 Bernard und François Baschet, „Windmühle“, Ausstellung „sculptura“, Ulm 1996. Die Lagerung der hohlkörperartig geformten Messing-Blätter besteht aus einer einzigen Stahlkugel. An den horizontalen Trägern sind Klöppel angehängt, die bei Wind gegen die kleinen senkrechten Rohre anschlagen und Klang erzeugen. *(Foto: Caius Burri)*

Ein anderes Beispiel bietet die mit Eisen- und Stahlindustrie bis in den Stadtkern belastete Saar-Stadt Dillingen, in der bereits vor 2000 Jahren Buntmetallgießer arbeiteten. Neben der Modernisierung der sogenannten Dillinger Hütte steht ein solares Entwicklungsprogramm auf der Tagesordnung der Kommune. Unterstützt unter anderem vom saarländischen Zukunftsenergieprogramm, mit dem die Landesregierung bis 2005 eine energiepolitische Brücke ins solare Zeitalter schlagen will, wird ab 1997 auf 25 000 qm ein Solarpark direkt an der Saar halbkreisförmig um das Parkstadion errichtet. Als erstes wird ein Energie-Plus-Haus die Bevölkerung über erneuerbare Energien unterrichten und als Prototyp Erfahrungen einspielen. Verschiedene, ineinandergreifende Bereiche sind in Planung: ein solarer Erlebnispark, ein solares Dienstleistungs- und Bildungszentrum, ein Forum für solare Stadtplanung sowie neben solaren Bauwerken auch die solare Kunst mit Licht-, Sonnen- und Klangskulpturen.

Konzeptionell und organisatorisch wird der Dillinger Solarpark von der dortigen Zukunftswerkstatt Saar getragen. Rudi Peter, ihr engagierter Vorsitzender, beruft sich auf Margaret Meads Überzeugung, daß eine kleine Gruppe von nachdenkenden, engagierten Bürgern die Welt verändern kann. „5 % der Gesamtbevölkerung reichen aus, analysieren die Sozialwissenschaftler. Diese Gruppe ist in der Lage, weitere 10 bis 15 % für die neue Idee – das Solarzeitalter – zu gewinnen. Wenn ein Fünftel der Bevölkerung davon überzeugt ist, verliert das umweltfeindliche System seine Macht. Die Zukunftswerkstatt

Saar begreift sich“, so der Solarkämpfer Peter, „als Mosaikstein im Netzwerk der Gruppen und Initiativen, die diese gesellschaftliche Minderheit anstrebt, welche sich in eine solare Mehrheitskultur verwandeln kann.“

Ein drittes Beispiel sei aus dem Bereich der Ausbildungsinstitutionen vorgestellt. Die Fachhochschule Aachen, Abteilung Jülich, ist seit 1997 dabei, einen Solar-Campus zu realisieren auf einem etwa 14 Hektar großen Gelände nördlich der jetzigen Fachhochschule [Abb. 4]. Dort ist das Solar-Institut seit Jahren ein wichtiger und aktiver Knotenpunkt von insgesamt fünf Schwerpunkten der Arbeitsgemeinschaft Solar Nordrhein-Westfalen, 1991 auf Initiative des Ministeriums für Wissenschaft und Forschung und des Ministeriums für Wirtschaft, Mittelstand und Technologie gegründet. Das Solar-Institut unter der engagierten Leitung von Michael Meliß koordiniert den Arbeitsbereich dezentrale Energiesysteme, forscht, entwickelt und lehrt auf dem solaren Gebiet und stellt der Öffentlichkeit in einem Solarpark die Resultate vor.

Neben der Fachhochschule selbst werden das Studentenwerk Aachen und voraussichtlich die Stadtwerke Jülich in den Solar-Campus einziehen, der schon vorhandene Solarpark wird dahin verlegt. Alles hat hier auch Demonstrationscharakter: Man will nicht nur mit erneuerbaren Energien den Unterricht gestalten, sondern diese anwenden. Die Energiekennzahl der Gebäude soll bei 40 Kilowattstunden pro Quadratmeter und Jahr für den gesamten Wärmebedarf einschließlich Heizwärme, Lüftung,

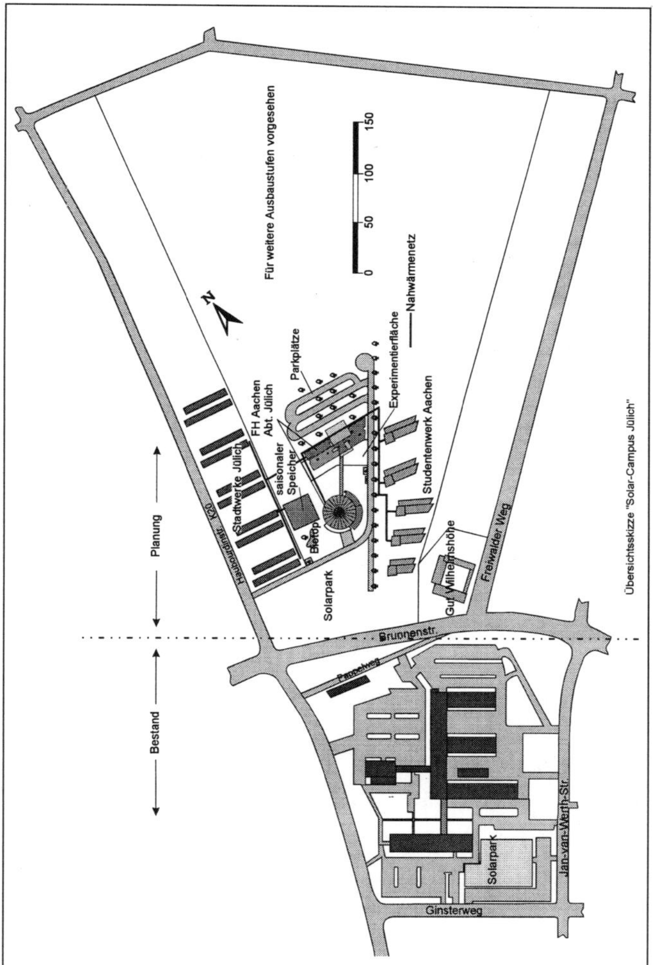

Abb. 4 Übersichtsskizze des Solar-Campus Jülich, einer in Bau befindlichen Anlage der FH Aachen, Abt. Jülich, des Studentenwerks Aachen und der Stadtwerke Jülich. *(Foto: Solar-Institut Jülich)*

Warmwasser und deren Antriebsenergie liegen, also wesentlich günstiger als die gegenwärtig in der Wärmeschutzordnung vorgesehene Ziffer von 100 kWh/m^2. Der Energiebedarf wurde gleichzeitig und gleichwertig mit der Gebäudekonstruktion entworfen; unterschiedliche Techniken sollen experimentell und alternativ angewandt und untersucht werden. Künstlerische Skulpturen mit erneuerbaren Energien sind ebenfalls integraler Teil des Solarparks, wozu etwa die Entwürfe einer „Zitadelle der Sonne und des Windes" und einer großformatigen Solaruhr 1997 vorgelegt wurden [Abb. 5].

Politik für die Biosphäre

Angesichts dieser Schritte ins solare Zeitalter läßt sich der Satz anführen: Es ist der erste Schritt, der zählt. Solche ersten Schritte sind gleichzeitige Aufforderungen, etwas zu unternehmen, sich zu beteiligen, den konstruktiven Inhalt des solaren Engagements auch als Erlebnis zu erfahren. Damit ist sicher eine junge Generation angesprochen, die, wie es die 12. Ausgabe der Shell-Jugendstudie von 1997 darlegt, Politik kaum durch Partei, Parlament, Regierung erfährt, dagegen aber Gesellschaftspolitik im konkreten Einzelfall unternimmt und unterstützt.

In der wildwachsenden Unübersichtlichkeit gegenwärtiger Politikentwürfe, die mit den Worthülsen das Nichtvorhandensein beziehungsweise den permanenten Widerspruch von gemeinschaftlichen Zielen, Werten und Übereinstimmungen kaschiert,

Abb. 5 Jürgen Claus, mit Dipl.-Ing. Wolfgang Krug und Studenten der FH Aachen, Abt. Jülich, „Zitadelle der Sonne und des Windes", Modell einer künstlerischen Installation mit erneuerbaren Energien für den Solar-Campus Jülich. Das Kunstwerk hat einen engen Bezug zur historischen Zitadelle in Jülich. An den vier Bastionen sind 6 m hohe offene Prismen mit farbigen beweglichen Formen im Innern vorgesehen. Auf den Prismen stehen unterschiedlich gestaltete photovoltaische Module zur Energiegewinnung. Eine Windanlage kombiniert einen Savoniusrotor und zwei dreiflügelige Windräder. *(Foto: J. Claus)*

kommt der konkreten solaren Gestaltung eine neue Aufgabe zu. Dies sind, meine ich, gesellschaftspolitische Entscheidungen, die das Kulturelle zur Grundlage einer neu zu verstehenden Demokratie machen. Insofern stimme ich Peter C. Mayer-Tasch zu in „Schon wieder mischen sie Beton...": „Der ökologisch bewußt planende und ausführende Architekt und Bauherr mag zu einem ausgesprochenen Politikum werden: als Vorbild und Fanal selektiven Konsums und als ein die Umsetzung von Qualität in Quantität fördernder Katalysator – als einer, der im Akt von Annahme und Verweigerung erheblichen Einfluß auf die öffentliche Meinung und damit indirekt auch auf Produktion, Distribution und Konsum gewinnen kann." In diesem selben Sinn kann man die Aussage William I. Thompsons verstehen, eine profunde „politische Strategie bestünde darin, den kulturellen Kontext zu transformieren und Politiker auf ihre Arbeit zu beschränken".

Die ausgezeichneten, wissenschaftlich unterbauten und praxisorientierten Grundlagen für eine so verstandene Politik des solaren Zeitalters wurden vor über einem Vierteljahrhundert in einer Kette wichtiger Treffen und Publikationen vorwiegend in den USA gelegt. Dazu zählte die von Thompson 1972 in New York gegründete *Lindisfarne Association*, deren mit Solarenergie versorgte Dependance im südlichen Colorado die anschauliche Praxis darstellte. Ebenso Nancy, Jack und John Todd, die 1969 das *New Alchemy Institute* in Cap Code gründeten, das bis 1992 bestand und Ideen ebenso wie Prototypen für die 1982 ins Leben gerufene Organisation *Ocean Arks*

International lieferte. Wir werden beim solaren Design auf die biologischen Konzepte und Realisationen der beiden treffen. Amory, später mit Hunter Lovins, begann in diesem Kontext ihre politisch-ökonomischen Strategien für das Solarzeitalter zu formieren, was 1982 zur Gründung des *Rocky Mountain Institute* in Colorado führte. Natürlich ist dazu auch Gregory Bateson zu zählen, der, wie er 1971 schrieb, überzeugt war, „daß Themen wie die bilaterale Symmetrie eines Tieres, die musterförmige Anordnung von Blättern an einer Pflanze, die Eskalation eines Rüstungswettlaufes, die Prozesse des Partnerwerbens, die Natur des Spiels, die Grammatik eines Satzes, das Geheimnis der biologischen Evolution und die zeitgenössischen Krisen in der menschlichen Beziehung zur Umwelt nur im Rahmen einer Ökologie der Ideen verständlich sind".

Was sich in dem philosophischen, wissenschaftlich begründeten, auf praktische Lösungen zielendem Zusammenhang der frühen siebziger Jahre des 20. Jahrhunderts herauskristallisierte, war tatsächlich eine erste Ausformulierung solarer Gesellschaftspolitik, der dann auch der gesamtpolitischen Linie der Carter-Regierung (1977–81) einen schützenden, wenn nicht fördernden Rückhalt gab. Das schlug sich unter anderem in dem berühmten, gleich nach dem Regierungsantritt Carters angeforderten und 1980 veröffentlichten Bericht an den Präsidenten von *Global 2000* nieder. Nach anderthalb Jahrzehnten der Verzögerung, Verhinderung und Ausblendung sieht es in der zweiten Regierungsperiode Clintons so aus, als ob eine, allerdings stark an Arbeitsplätzen und Umsatz orientierte, energiepolitische – nicht umweltpolitische – Anknüpfung an die Carter-Zeit neue Impulse in den USA bringen könnte. 1998 sollen die erneuerbaren Energien zum übergreifenden Thema der Forschungspolitik an den US-amerikanischen Universitäten werden. Mit einem Regierungs-Programm für eine Million Dächer soll bis zum Jahr 2007 der US-Solarmarkt für netzgekoppelte Solarstrom-Anlagen angekurbelt werden. (Die geplante Förderungssumme der Regierung mit 120 Mio. Dollar für fünf Jahre ist allerdings unzureichend.)

Für einen gegenwärtigen Zwischenbericht muß man selbstverständlich den Blick nicht nur auf die USA, sondern ebenso auf Japan und Europa richten. Japan, das in Kyoto Ende 1998 zur Weltklimakonferenz einlädt, hat mit regierungspolitischen Initiativen ein Programm für 70 000 Solar-Dächer begonnen. Der einheimische Markt für Photovoltaik soll bis 2000 die doppelte Menge der Weltproduktion von 1996 erzeugen, wobei der Strompreis aus erneuerbarer Energie bis dahin dem durchschnittlichen Strompreis von 30 Yen pro Kilowattstunde entsprechen soll. Ein Fernziel der japanischen Wirtschaftspolitik ist es, nach den Offensiven im Autobau und der Unterhaltungs-Elektronik mit den erneuerbaren Energie- und Umwelt-Technologien einen dritten Bereich im Welthandel zu etablieren.

Und Europa? 1996 lag der Anteil erneuerbarer Energien aus Biomasse, Wasser-, Wind- und Sonnenkraft bei etwa 5 % des Endenergieverbrauches. Berechnungen für die nähere und fernere Zukunft schwanken je nach Interessenausrichtung der Schätzer. Ein Aktionsplan für erneuerbare Energien, den das Europäische Parlament 1996 angenommen hat, sieht bis zum Jahr 2010 einen Anteil von 15% vor. Nach einer optimistischeren Schätzung von Eurosolar, der Europäischen Sonnenenergie-Vereinigung mit Sitz in Bonn, kann der Beitrag bis 2020 auf 50 % gesteigert werden. Noch wird die europäische Energiepolitik einerseits vom alten Vertrag der EG für Kohle und Stahl, andererseits vom Euratom-Vertrag bestimmt.

Die erneuerbaren Energien müßten ein neues Kapitel europäischer Energiepolitik aufschlagen, was bisher nur langsam in Bewegung kommt; allein aufgrund der Überlegungen zum Arbeitsmarkt wäre das sinnvoll. So werden etwa für 1 Megawatt Solarzellen 100 Arbeitsplätze für Planung, Herstellung, Errichtung und im Verkauf geschätzt.

Solare Ökonomie

Umweltaktien, Tauschhandel und die kulturelle DNS

„Während US-Bürger Milliarden-Summen in ethisch-ökologischen Investmentfonds anlegen“, so war in der Süddeutschen Zeitung (13. 9. 1995) zu lesen, „brachten es die acht in Deutschland zum Vertrieb zugelassenen Umweltfonds 1994 nur auf ein Volumen von rund 200 Millionen DM. Das sind weniger als ein Prozent der insgesamt bei deutschen Investmentfonds angelegten Spargelder. ‚Das Interesse der Kunden an ökologisch orientierten Anlageformen ist sehr groß, aber es fehlt an überzeugenden Produkten', erläutert der Geschäftsführer der Omega GmbH, eines bundesweit tätigen Fondsvertriebs." Da die Umwelttechnologien häufig dem mittelständischen Umfeld entstammen, können diese Firmen nicht mit Umweltaktien an die Börse gehen. Die Verzinsung liegt in der Regel unter den vergleichbaren Konditionen oder wird in Naturalien erbracht.

Damit kommt der Gedanke des Tauschhandels ins Spiel. Nachhaltig wurde er in den letzten Jahrzehnten von Hazel Henderson betont, einer führenden Repräsentantin der zukunftsgerichteten, politischen Ökonomie. Geboren 1933 in London, kam sie im Alter von 25 Jahren nach New York, wo sie Mitte der sechziger Jahre in Bürgerinitiativen aktiv wurde, so mit der Gründung von *Citizens for Clean Air, Inc.* Sie veröffentlichte in den folgenden Jahren drei für die solare Politik und Ökonomie wichtige Bücher: *Creating Alternative Futures* (1978), *Politics of the Solar Age* (1981), *Paradigms in Progress: Life Beyond Economics* (1993). In einem Gespräch mit der *Whole Earth Review* sagte sie: „Tauschhandel ist im Mittelpunkt des Interesses. Tauschhandel ist für mich eine Art früher Warnanzeiger eines schlechtfunktionierenden makroökonomischen Managements. Wenn ein Land seine Angelegenheiten unangemessen erledigt, blühen zahlreiche lokale Tauschsysteme und lokale Währungen und lokale Computeraustausch-Systeme. Geld ist nicht real. Die echten Ressourcen sind die menschlichen und die natürlichen Ressourcen in diesem Austausch."

Was dies für die solare Ökonomie bedeuten kann, ist mir am Kleinstbeispiel bei der Erstellung einer künstlerischen Sonnenskulptur „Solarkristall" 1995 bewußt geworden. Für die Mitarbeit an Planung und Realisierung während zweier Studiensemester an der FH Aachen, Abt. Jülich, erhielten die vier beteiligten Studierenden ein zusätzliches Praxissemester, was ihnen im Berufsumfeld wie auch international zugute kommt, wenn eine höhere Semesterzahl gefordert wird. Durch die geleistete Arbeit an Berechnungen und allgemeinen Planungen wäre das Budget der Sonnenskulptur drastisch angestiegen, hätte es mit Geld bezahlt werden müssen. Denkbar sind wesentlich erweiterte Austausch-Formen für eine solare Öko-

Abb. 6 Gemeinsame Arbeit an der Sonnenskulptur „Solarkristall" im Forschungszentrum Jülich, 1995. Die photovoltaischen Module werden in die Mitte der hier noch liegenden Skulptur montiert. Die Tetraeder enthalten Lampen zur Nachtbeleuchtung. *(Foto: J. Claus)*

nomie als Teilbereich einer „grünen Ökonomie“ [Abb. 6].

Einen weiteren Gedanken von Hazel Henderson möchte ich in diesem Zusammenhang aufgreifen. Er stellt die Idee des Tauschhandels in einen viel weiteren Kontext, der systematisch und interagierend davon ausgeht, daß das Welthandelssystem der Zukunft mehr auf Software denn auf Hardware setzt. Nationen und Konzerne könnte man in diesem Sinn als „reife Samenkapseln“ verstehen, die ihre Neuerungen, Patente und ihr Wissen nicht mehr für sich behalten und abschotten, sondern wie eine „kulturelle DNS“ weitergeben müssen. Dieser Code speist sich aus den Wertvorstellungen verschiedener Kulturen und Organisationen. In einer umfassend angelegten Untersuchung von Mihaly Csikszentmihalyi zur Kreativität sagt die Wirtschaftsforscherin Henderson: „Jede Kultur ist in Wahrheit ein hochwertiges Software-Programm, abgeleitet von einem Wertesystem und bestimmten Zielvorstellungen. Jede Unternehmenskultur und jede Institution ist so aufgebaut.“ Die Wirtschaftshandlungen bindet sie dementsprechend an die Kultur, da in der „kulturellen DNS“ geistige Traditionen, Kunst und Poesie genauso hoch bewertet werden wie beispielsweise Unterhaltungselektronik oder Autos.

Durchbruch für die erneuerbaren Energien?

1996 legte Eurosolar der EU eine „Europäische Solar Energie Charta“ vor, die sie übernehmen soll.

Grundvoraussetzung der Charta ist die Überzeugung, daß das Energiepotential der erneuerbaren Energien „viel größer ist als jemals für eine technisch und ökologisch progressive Zivilisation erforderlich“. Gegner und Skeptiker dieser Überzeugung gibt es quer durch alle Berufe, Sparten, Parteien; jedoch wenden selbst die Zustimmenden ein, daß diese „Vision“ nicht bezahlbar sei. Die Charta geht darauf detailliert ein. Für eine „Solare Ökonomie“ ist die folgende Zusammenfassung aus der Charta wesentlich:

„Das Argument, die erneuerbaren Energiequellen seien noch nicht genügend kosteneffizient, ist falsch, da (I) die weiteren sozialen und umweltbedingten externen Kosten des Energieverbrauchs nicht berücksichtigt werden und (II) verbreitete technische Verbesserungen fortlaufend die Leistung erneuerbarer Energiesysteme verbessern.“ Obgleich seit über zwei Jahrzehnten diese Argumente nachhaltig vertreten werden, haben sie sich weder in den politisch-ökonomischen Handlungskriterien, geschweige in der Energieversorgungs-Praxis durchgesetzt.

Das in der Charta veröffentlichte Programm für einen ökologischen und ökonomischen „New Deal“ sieht unter anderem folgende Strategien vor: Gründung eines Europäischen Strukturfonds, der die Realisation erneuerbarer Energien finanziell fördert; Zielsetzung von einhunderttausend photovoltaischen Anlagen auf Dächern oder in Fassaden bis zum Jahr 2000; im gleichen Zeitraum Aufbau eines 10 000-MW-Programms für Windkraftanlagen und ähnliche Programme für Biomasse, Biogas, Solarthermie und

Meereswellenenergie; Biobrennstoffe für den Verkehrsbereich.

Die Bedeutung einer solchen Charta liegt darin, daß sie die diversen und bereits heute als Basis breit angelegten Vorstöße bündelt und zur politischen Umsetzung vorlegt [Abb. 7].

Als praxispolitischer Schritt zur Einführung erneuerbarer Energien in breitem Umfang kommt der kommunalen Entscheidung für das Stromeinspeisungsgesetz eine wichtige Aufgabe zu. Den zwischen 1991 und 1997 insgesamt von den Energieversorgungs-Unternehmen (EVU) vergüteten 3,4 TWh mit Mehrkosten von 170 bis 270 Mio. DM stehen Investitionen in Energieanlagen auf erneuerbarer Basis von mehreren Milliarden DM (1995 etwa 1,2 Milliarden) gegenüber. Positiv läßt sich das in einer Verminderung der CO_2-Belastung von 1,5 Mio. Tonnen und die Neuerrichtung von mindestens 5000 Arbeitsplätzen bilanzieren.

Für ein solares Zeitalter sprechen viele Gründe, wenn die Gesellschaften weltweit sich nicht weiter in hochindustrialisierte reiche und unterentwickelte arme entwickeln; wenn dem Auslaufen der fossilen Energieträger und den Gefahren der gesellschaftlich nicht gewollten Nukleartechnologien innovativ begegnet wird; wenn eine lebensfähige Umwelt und erneuerbare Rohstoffe im Vordergrund stehen; wenn auf Versöhnung mit der Biosphäre statt auf Gegenwehr gesetzt wird. Deshalb muß die Entscheidung für ein solares Zeitalter auf einer kulturellen Ebene erfolgen. Der Kulturbegriff, der uns dabei leitet, ist organisch geprägt und durch Metamorphosen ge-

Abb. 7 Beispiel der vielfältigen Möglichkeiten zur solaren Nutzung vorhandener Flächen ist dieser Kirchturm im schweizerischen Steckborn am Bodensee. Hier wurden 1993 nach einer notwendigen Sanierung 18.6 kWp photovoltaischer, rahmenloser Module installiert. *(Foto: Ingo Hagemann)*

kennzeichnet; er findet seinen Ausdruck in symbolischen Formen wie Architektur, Entwurf, Design und Kunst.

Synergetik solarer Energien – Gespräch mit Helmut Tributsch

Helmut Tributsch, Jahrgang 1943, ist seit 1982 Professor für Physikalische Chemie an der Freien Universität Berlin und leitender Wissenschaftler am Hahn-Meitner-Institut in Berlin. Sein Hauptarbeitsgebiet sind die Mechanismen der solaren und biologischen Energieumwandlung. Er ist Autor zahlreicher Publikationen zur Bionik und zur solaren Thematik.

Claus: Wie begründet beziehungsweise rechtfertigt sich der Gedanke, von dem Sie öfters sprechen, daß Gebäude wie Organismen funktionieren könnten?

Tributsch: Man könnte diesen Gedanken dadurch untermauern, daß dynamische natürliche Systeme weniger Material brauchen. Sie reagieren intelligenter, können dadurch den Materialverbrauch reduzieren und viel mehr Funktionen erfüllen als starre Systeme. Die Natur hat uns das vorgemacht, wenn man an die Häute von Tieren denkt, an die Oberfläche von Pflanzen.

Claus: Aber das wußte man schon lange. Goethe hat die Metamorphose der Pflanzen studiert, als ein Beispiel. Liegt der neue Schritt heute darin, daß wir zum erstenmal die technologischen Möglichkeiten haben, das von der Natur Vermittelte auch zu tun?

Tributsch: Denken Sie nur an die Pflanzen, die ihre Blätter nach der Sonne richten oder sich bei zu hoher Temperatur einrollen oder schützen; das könnte man heute bei den Solarzellen teilweise machen, wenn auch mit großem Aufwand. Je mehr sich die Technik entwickelt, um so intelligenter werden solche Systeme reagieren.

Claus: Um es einmal für die Architektur zu präzisieren, kann man sagen, daß es ein Unterschied ist, ob man einen Solitär in der Landschaft errichten wird oder in einem urbanen Stadtgeflecht damit arbeitet. Bei letzterem müßte man anders in die Vertikale gehen können als in der freien Landschaft.

Tributsch: Ich würde das analog sehen, wie die Natur es gemacht hat. Sie hat solitäre und kollektive Entwicklungen durchgeführt. Manchmal muß man viele Systeme an einen Ort konzentrieren und das Problem der Umwelt gemeinsam angehen; manchmal hat man es mit einzelnen Systemen zu tun. Das ist kein Widerspruch. Es sind nur verschiedene Randbedingungen.

Claus: Das andere ist die politische beziehungsweise gesellschaftliche Entscheidung. Der eine Weg wäre, daß eine Entscheidung für die solare Erneuerung von oben ausgeht, oder aber, daß von unten so viele Quantitäten sich multiplizieren, daß es von daher zu einem qualitativen Entscheidungsdruck kommt. Wie denken Sie darüber?

Tributsch: Ich sehe das mehr von der Synergetik her und von den vernetzten Systemen. Damit sich etwas organisieren kann, braucht es Energie, hier kommt das Geld ins Spiel. Wir müssen versuchen, an Geldflüsse heranzukommen, um uns organisieren zu können und damit sich ein solares Zeitalter entwikkeln kann. Wir müssen die Politiker überzeugen, die fossilen Energien zu besteuern, um mit dem Geld eine Gegenorganisation aufzubauen, die immer stärker werden kann, bis langsam der Hahn des Öls abgedreht werden kann. Das wäre in einem Zeitraum von bis zu hundert Jahren möglich. Aber ohne Geld wird nichts laufen.

Claus: Offensichtlich ist ja, daß es einen freien Fluß von anlagesuchenden Milliarden Eurogeld und Dollars gibt. Die Entscheidungen müssen jedoch wirtschaftlich begründbar sein. Geld wird ins Solare nach den Regeln unserer Gesellschaft nur fließen, wenn das Gewinn verspricht. Welche Organisationen kommen dafür in Frage, denn über die Parteien allein geht das wohl nicht?

Tributsch: Der beste Weg wäre, sich mit internationalen Organisationen auseinanderzusetzen, da ein Staat allein die Last nicht tragen kann. Ich denke an die Vereinten Nationen, die hier eine Verantwortung tragen. Fossile Energien beuten die Umwelt aus. Allein für die Bundesrepublik hat man Nebenkosten in der Größenordnung von 100 Milliarden Mark pro Jahr gerechnet. Der Kostenvorteil fossiler Energien begrenzt die Entwicklungsmöglichkeiten regenerativer Energien.

Claus: Die Frage ist doch, wie bewege ich diese richtigen, logischen, ethischen Gedanken und Entscheidungen in eine UNO? Wer trägt das da hinein?

Tributsch: Eurosolar in Bonn hat ja bereits einen Versuch gemacht, eine internationale Solarenergiebehörde zu gründen. Die Erfahrung zeigt, daß Entwicklungsländer dafür sind, aber die Industrieländer sich zurückhalten. Vielleicht glaubt man auch, daß die Vereinten Nationen schon zu viele Organisationen beinhalten. Letztlich wird aber nichts anderes übrigbleiben. Es muß eine internationale Behörde sein, die schrittweise Steuern von fossilen Energien einzieht und etwa auch den Treibstoff für Flugzeuge besteuert. Damit würden allein schon Summen von 10 bis 30 Milliarden Mark freigesetzt.

Claus: Wir haben bislang über die Analogien zur Natur gesprochen, über notwendige politische Schritte. Könnten Sie abschließend Ihre Arbeit am Hahn-Meitner-Institut beschreiben?

Tributsch: Wir arbeiten an der Umwandlung von Licht in chemische und elektrische Energie. Genau genommen beschäftigen wir uns mit Problemen wie rasche Spaltung, dann mit der Entwicklung neuer und billigerer Materialien für Solarzellen, mit Prozessen der Ladungstrennung bei der Photosynthese, mit Energiezyklen, die es erlauben, regenerative Energien umzusetzen. Dann arbeiten wir an solaren Energien bei Wandlungsmechanismen, die technisch noch nicht erschlossen sind, z. B. dem Wassertransport in Bäumen.

Claus: Sind das Aufträge, die Sie selbst bestimmen können, oder werden diese an Sie herangetragen?

Tributsch: Im großen und ganzen machen wir Grundlagenforschung, die langfristig orientiert ist.

Wir versuchen aber auch, Nebenergebnisse zu erzielen. Meine Abteilung hat in den letzten sieben bis acht Jahren drei Firmen gegründet, alle auf Gebieten, die nicht direkt bei Energiesystemen liegen, sondern bei Methoden und Geräten, die für die Solarenergie interessant sind.

Claus: Wie geht Ihre Forschung konkret mit Naturvorgängen um?

Tributsch: Meine offizielle Position ist die eines Professors am Institut für physikalische und theoretische Physik. Dazu gehören Felder wie Thermodynamik, Elektrochemie, Photokatalyse. Grundsätzlich gehört zu unseren Aufgaben die bionische Forschung. Wir versuchen zu verstehen, wie die Natur Probleme löst, gehen den Prozessen auf den Grund und denken darüber nach, wie man künstliche Prozesse auf dieser Basis nachvollziehen könnte. Ein Beispiel: Über viele Jahre habe ich darüber nachgedacht, warum photosynthetische Membranen oszillieren. Sie oszillieren tatsächlich bei Belichtung. Man sah das als Nebenprodukt an. Wir haben jetzt eine Richtung in meiner Abteilung, die sich mit synergetischen Prozessen der Energiewandlung beschäftigt. Es funktioniert so, daß Prozesse ablaufen, die zunächst eine Ordnung aufbauen – wie bei lebenden Organismen, aber mikroskopisch – und diese Ordnung nutzen, um besser Wasser zu spalten, besser Energien wandeln zu können. Wir haben bereits Mechanismen über oszillierende Sauerstoffentwicklung produziert. Die Anregung kam aus der Natur, aus der erwähnten Beobachtung oszillierender Membranen.

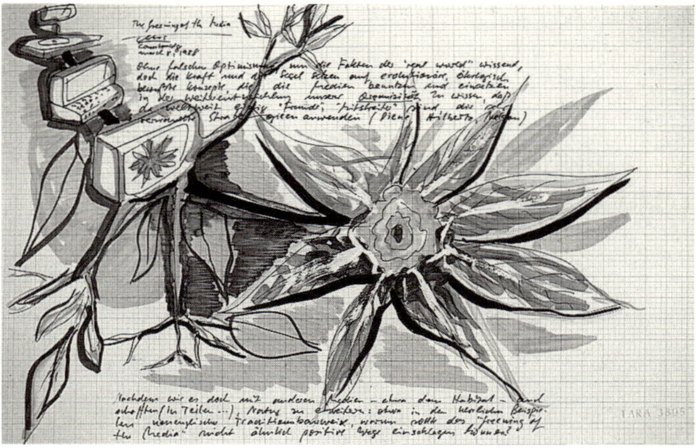

Abb. 8 The Greening of the Media, eine Zeichnung aus dem Bildtagebuch von Jürgen Claus, 1988, symbolisiert die organische Weiterentwicklung aus der Technologie heraus. *(Foto: J. Claus)*

Claus: Die Naturanalogie, so schön und einleuchtend sie ist, stößt aber offenbar auf Grenzen, wo ist der entscheidende Punkt [Abb. 8]?

Tributsch: Was die Energie betrifft, gibt es relativ klare Verhältnisse. Die meisten Biologen akzeptieren, daß in der Natur diejenigen Spezies überlebt haben, die am effizientesten zu Energie gelangen. Nur regenerative Energie ist hierbei erlaubt. Die Menschen als einzige Spezies scherten aus diesem Kreislauf aus. Die Entwicklung verlief hier außerhalb der Spielregeln der Evolution.

Solare Architektur

Kristallbauten – Glashaustraditionen fürs solare Zeitalter

„In Zukunft wird man ‚reisen', um sich neue Glasarchitektur anzusehen."
Paul Scheerbart (1863–1915)

Experimentierterrain für Glasarchitektur

Im Regenbogen zu wohnen oder unter Wasser oder gar in Kristallen. Mit diesen Vorstellungen verbinden sich uralte mythenbezogene Träume und Visionen des Menschen. Etwa die Haut des Gebäudes zu wechseln, aus der Höhle heraus, aus dem aufgeschichteten Stein, und frei sein in einer transluziden Zelle; wie in einer Luftblase leben, geschützt sein und doch offen zur Realität, zu Gemeinsamkeiten und zur Kommunikation.

Bruno Taut (1880–1938) siedelte seine Utopien als alpine Architektur an. Zu der elementaren Flucht aus den Großstädten trat die Sehnsucht nach Frieden, die er emphatisch in der von ihm herausgegebenen Zeitschrift „Frühlicht" im Jahr 1920 formulierte: „Hoch, dreimal hoch unser Reich der Gewaltlosigkeit! Hoch das Durchsichtige, Klare! Hoch die Reinheit! Hoch der Kristall!" Glas als Baumaterial in seiner ganzen ästhetischen Fülle und Technik vorzuführen, das war die Absicht, die er mit seinem Glashaus zur Kölner Werkbund-Ausstellung (1914) verfolgte und die mit jüngeren Ausstellungen ab 1994 in Berlin, Darmstadt und Hagen eine Wiederauferstehung feierte. Es war Paul Scheerbart gewidmet, den er liebevoll den „Glaspapa" nannte und der, vor allem mit seinem Buch „Glasarchitektur", kurz vor dem Ersten Weltkrieg erschienen, das „Hohelied" der kommenden Glaskultur formuliert hatte.

Dazu Adolf Behne (1895–1948) eineinhalb Jahre nach seinem Besuch des „Glashauses" auf der Kölner Werkbund-Ausstellung von 1914: „Die Sehnsucht nach Reinheit und Klarheit, nach leuchtender Helligkeit, kristallischer Exaktheit, nach körperloser Leichtigkeit und unendlicher Lebendigkeit fand das Glas als Mittel ihrer Erfüllung – den körperlosesten, den elementarsten, den wandlungsfähigsten und an Deutungen und Anregungen reichsten Stoff, der wie kein anderer verschmilzt mit der Welt, der am wenigsten starr steht, sondern sich wandelt mit jedem Wandel der Atmosphäre, unendlich reich an Beziehungen, das Oben im Unten, das Unten im Oben spiegelnd, beseelt, voller Geist und lebendig" [Abb. 9].

Stehen wir gegenwärtig im Aufbruch einer Kunst, Gestaltung und Architektur zu Medienwänden, holographischen und Solarwänden, zu klimaunterstützten Skulpturen und Bauten, an einer neuen Stufe der Glaskultur? Das sogenannte utopische Plädoyer Scheerbarts für eine Glasarchitektur kann heute real und umweltbewußt verwirklicht werden. Die Scheerbartsche Forderung „Ästhetisch ist alles berechtigt als Wandmaterial, was feuersicher und licht-

Abb. 9 Das Glashaus von Bruno Taut (1889–1938) erstand 1996 als CD-ROM wieder auf, während die reale Existenz dieses vielzitierten Bauwerkes zur Kölner Werkbund-Ausstellung von 1914 nur wenige Wochen währte. Als Reklamepavillon der Glasindustrie in Auftrag gegeben, verwirklichte es die Versprechungen, die einige Architekten jener Zeit in Glas, Farbe und Transparenz sahen. *(Foto: Archiv Arthur Engelbert)*

durchlassend ist", hat ein vielfältiges Echo in den architektonischen Credos der Jean Nouvel, Rem Kohlhaas, Bernard Tschumi gefunden. Wir befinden uns aber auch ästhetisch mitten in dem von Scheerbart avisierten „Experimentierterrain für Glasarchitektur".

Parallel mit den Entwicklungen in der Glastechnik und ihrer Anwendung in der Architektur verläuft die Entwicklung einer neuen Ästhetik für die Glasverarbeitung durch Künstler im 20. Jahrhundert. Vom Grundmaterial her gilt das sowohl für Silikat- oder Floatglas wie für die Formen von Plexiglas, später Acrylglas, die, entsprechend dem Grad ihrer Polymerisation, unter Hitze verformbar und damit thermoelastisch wie thermoplastisch sind.

Der Beitrag der Künstler

Für die Bedeutung der Wand als künstlerisches, umweltbezogenes System kann man anknüpfen an die frühe Moderne. Friedrich Kiesler (1890–1965) beispielsweise definierte in den dreißiger Jahren das Haus als lebenden Organismus. Formen, wie sie der bildende Künstler bearbeitet, ebenso wie natürliche Formen sind für ihn sichtbare Umschlagpunkte von integrierenden und auseinanderstrebenden Kräften. Eine solche Betrachtung der künstlerisch-gestalterischen Arbeitsweise in Theorie und Praxis setzt an bei der Interaktion zwischen dem Menschen und seinem natürlichen und technologischen Umfeld.

Diese Interaktion, die heute einen zentralen künstlerischen Platz einnimmt, findet ihre historische Aufarbeitung in der kinetischen und kybernetischen Kunst. Was dort mit präelektronischen Steuerungsgeräten, Sensoren etwa, angepeilt wird, nämlich die Bildwand in eine veränderbare, reagierende, vom Benutzer steuerbare Variations- und Informationswand zu überführen, war immer auch mit den sinnlichen Erfahrungswerten der Kunst gekoppelt. So erfand der 1928 geborene Künstler Wen-Ying Tsai Wände aus fließendem Wasser, die überdies durch Akklamation, das heißt durch akustische Impulse, veränderbar waren. Alle bewegten Elemente – Feuer, Gase, Wasser, Luft – konnten für Yves Klein (1928–1962) zu immateriellen Wänden der Klimatisierung werden. Mit dem Architekten Werner Ruhnau wollte er 1959 sogar eine Schule für immaterielle Architektur gründen.

Die Wand verlor ihre Funktion als Trennendes, Abgrenzendes und gewann Transparenz wie Vielfältigkeit ihrer Funktionen. Zwischen Bild und Wand entstand die Konzeption einer Bildhaut, einer Membrane – theoretisch vorformuliert und praktisch ausgeführt in vielen Künstlerwerken seit den zwanziger Jahren. Bereits vor den Architekten der Gegenwart haben bildende Künstler die Wände aufgebrochen und das Arsenal zeitgenössischer Medien mit ihnen verbunden. Heute käme es darauf an, aus beidem – dem Bild und dem Bau – eine mehrschichtige Synthese zu schaffen.

„Duchamps ‚Großes Glas'", hatte Kiesler 1937 geschrieben, „ist das erste Röntgenbild des Raumes. Es ist Architektur, Skulptur und Malerei in einem." Was das „Große Glas" tatsächlich aus heutiger Sicht dazu macht, ist folgendes: Es ist umweltreaktiv, gibt Interpretationsvorlagen zur Definition und Evaluation von Umwelt, die durch das Glas und noch wichtiger ins Glas eindringt; es abstrahiert mit seinen scheinbar im Raum rotierenden Körpern Bewegung zwischen Bild (= Glas) und beidseitig durchscheinender Außenrealität; die Binnenrealität der Bildkörper wird eine Art Steuerungsmechanismus zwischen Bildinnerem und Bildäußerem.

Um diese Synthese handelt es sich im modernen architektonisch-künstlerischen Glasbau – wenn auch mit erweiterten Technologien wie Computerberechnung, Holographie, Photochromatik, Photovoltaik, dazu mit eingescannten Bildern und Filmen. Heute können beispielsweise die „Holographisch-Optischen Elemente" (die sogenannten HOE) ins Glas einfallende Lichtwellen beeinflussen und Informationen „online" einblenden. Künstlerische wie umweltbezogene Ziele lassen sich so verbinden. Die HOE, zwischen Fensterwände eingebracht, zerlegen spektral das Licht und schalten, je nach Aufgabe, bestimmte Spektralfarben ein oder aus. Wenn nicht benötigt, können überflüssige Lichtmengen zur Energiegewinnung aus Sonne verwendet werden.

Die kalifornische Künstlerin Sally Weber arbeitet mit großformatigen Hologrammen im Kontext zur Architektur und setzt seit 1987 auch holographisch-optische Elemente ein. Damit wird eine Vielfalt von Bildern im Hologramm erzeugt, die etwa eine Lichtachse je nach Betrachtungspunkt in einen irritierenden Farbwirbel auflöst. Eine Variation architekturbezogener Hologramme führte die japanische Holographin Setsuko Ishii 1992 in Tokio aus. Das Tageslicht wird dabei in einem Kollektor auf dem Hausdach gesammelt, über Glasfaserkabel in die Untergeschosse des Gebäudes geleitet und dient als variable Belichtungsquelle ihrer dortigen Hologrammwände.

Abb. 10 Setsuko Ishii, mit Sonnenlicht erleuchtete Holographie, Privat-College, Tokyo 1993. Das kreisrunde Hologramm mit einem Durchmesser von 1,6 m enthält Bilder von Bäumen und Blättern. Das Beleuchtungslicht wird auf dem Dach des Gebäudes eingefangen und über Fiberglas-Optik in den Raum geleitet. *(Foto: S. Ishii)*

Die unter Ausschluß des Tageslichtes dort arbeitenden Personen erleben nunmehr über diese Bilder den tageszeitlichen Verlauf des Lichtes, seine Intensität und seine Zyklen [Abb. 10, vgl. auch Buchumschlag].

Während die Transparenz im Künstlerischen und im Gebauten häufig an Glas gebunden ist, kann die Sehnsucht nach Transparenz selbst den Stein durchdringen. Ein Beispiel dafür ist der Wunsch nach Transparenz, den Rudolf Steiner dem Goetheanum in Dornach (1925–28) mit auf den Weg gab. Im Gegensatz zu den abschließenden Wänden, schrieb er über den angestrebten Baugedanken, ist „alles so geformt, daß, indem man auf die Umrahmung hinschaut, man das Gefühl bekommen kann, wenn man die Sache in der rechten Weise empfindet: wie alles sich selbst aufhebt. Wie Glas sich aufhebt und durchsichtig wird, wie Glas sich physisch aufhebt, um durchsichtig zu werden, so sind hier die künstlerischen Wände so gemeint, daß sie sich aufheben, um durchsichtig zu werden; so ist selbst die Malerei, so ist die Plastik gemeint, daß sie sich aufheben, um durchsichtig zu werden, um nicht die Seele abzuschließen im Raum, um die Seele nach allem Möglichen außen zu weiten."

Neue Ästhetik – Neue Materialien

In Abwandlung des Diktums „Form folgt der Funktion", das zum Credo der modernen Architektur wurde, kann man jetzt sagen „Form folgt der Energie", was eine Architektur kennzeichnet, die sich in Gestalt und energetischer Haushaltsführung der Sonne zuwendet. Eine so gekennzeichnete Architektur geht grundsätzlich andere Wege, als sie von postmoderner und dekonstruktivistischer Bauart beschritten wurden, hat andererseits sehr wohl ihre historischen und aktuellen Bezugspunkte. Zu ihnen gehören etwa die auf natürlichem Energieeinsatz und auf zyklischer Energieverwandlung beruhenden naturnahen Gebäude vieler Völker, Glasbautraditionen aus dem 19. und Leichtbau-Konzepte seit den fünfziger Jahren des 20. Jahrhunderts. Ebenso aber auch die nicht-ausgeführten, gezeichneten, enthusiastisch beschriebenen, aus dem gesellschaftlichen Umbruch der Zeit nach dem Ersten Weltkrieg hervorbrechenden Visionen der „Gläsernen Kette", einem von Bruno Taut im Dezember 1919 angeregten Netzwerk von Architekten, dem „wohl bedeutendsten Austausch theoretischer Ideen zur Architektur in diesem (erg.: 20.) Jahrhundert", wie es Dennis Sharp in seinem Buch über Architektur und Expressionismus formulierte.

Heute geht es darum, mit neuen Materialien, die allerdings im Fluß der ständigen Entwicklung sind, bestehende Gebäude auf neue Energiewerte hin umzugestalten; für Neubauten das Repertoire der neuen Energiewerte und Materialien einzusetzen, jedoch so, daß zu den Energiewerten die Traumwerte kommen, denn das Haus ist, so der Philosoph Bachelard in der „Poetik des Raumes": „Unser erstes All. Es ist wirklich ein Kosmos. Ein Kosmos in der vollen Bedeutung des Wortes." Die Ästhetik, die ein solares Bauen befördert, sollte sich im Einklang mit der Biosphäre verstehen: erhaltend, nicht auf lebenschädigenden Stoffen aufbauend, sich der kosmischen Energiezyklen bedienend, Raum gebend für den Bios der Natur, des Organischen, der Pflanzen.

Selbst in den mitteleuropäischen gemäßigten Breiten sind die solaren Lichtempfänger der Biosphäre von größter Variabilität. Es ist nicht einzusehen, warum wir uns nicht der größtmöglichen Verschiedenheit in den von uns zu gestaltenden Licht- und Energieempfängern bedienen sollten. Die jetzigen photovoltaischen Module sind die Dinosaurier kommender Generationen von Energiewandlern. Zu den

Abb. 11 Seilnetz-Photovoltaik-Anlage, Prototyp der Firma Webasto Systemkomponenten, aufgestellt in Bamberg. *(Foto: Webasto, Stockdorf)*

neuen Materialien, die Ausgangspunkte einer auf die Biosphäre hin erweiterten Ästhetik sind, gehören vorrangig die Solarzellen selbst sowie die sie versammelnden Module, da sie entscheidenden Einfluß auf die architektonische Gestaltung von Gebäuden haben [Abb. 11].

Der Begriff dieser neuzubildenden solaren bzw. biosphärischen Ästhetik schließt die Energiegewinnung und -verarbeitung ein; so kann man von einer Neuen Ästhetik sprechen. Das Gestalten mit erneuerbaren Energien sowie die Entwicklung und der

Einsatz für den Energietransfer entworfener Materialien rücken ins Zentrum des Bauentwurfes. Zu den die neue Ästhetik bestimmenden Materialien gehören die Haut, Membran oder Wand und häufig, darin materialisiert, das Glas. Sie belegen für die solare Architektur einen besonderen Rang: als tragende, gestalterische, konstruktive und Energie empfangende, steuernde, filternde Elemente, worauf im vorigen Abschnitt bereits kurz hingewiesen wurde. Dies soll hier vertieft und an Beispielen dargestellt werden.

Leichtbauten, wie vornehmlich seit den fünfziger Jahren des 20. Jahrhunderts konzipiert und erstellt, gehen mit Materialien sparsam um, sind immer im Dialog mit natürlichen Prinzipien entstanden und haben einen hohen ästhetischen Reiz. Das „Prinzip Leichtbau", wie es mit Frei Otto einer der anregendsten Leichtbauarchitekten des 20. Jahrhunderts in den Mitteilungen seines damaligen Instituts für leichte Flächentragwerke 1979 formulierte, „kennzeichnet prinzipielle Leistungsfähigkeit und prinzipielle Energienutzung bei großer Variationsbreite der jeweiligen funktionellen Nutzung. Es ermöglicht ‚Freiheit', Überschuß, Spiel, ohne dabei unfähig zu werden, also ohne die Effektivität und Funktionsgerechtigkeit einzubüßen." Ästhetisch werden die nach dem Prinzip Leichtbau erstellten Objekte, „wenn sie – ohne dabei etwas unfunktioneller zu werden – ideal geformt, ‚vollendet' ihre ‚wahre' Gestalt, dem unvoreingenommenen (aber aufgeschlossenen) Beobachter ‚zeigen', wenn sie sowohl die typische Form aller vollendet optimierten ökono-

Abb. 12 Wohnhaus und Atelier des Architekten Frei Otto in Warmbronn bei Stuttgart, gebaut 1968/69. Frühes Beispiel eines naturintegrierten Hauses mit passiver Solarenergienutzung. Herausragendes Element ist hier die nach Süden orientierte Großhülle, die den öffentlichen Teil des Hauses umschließt; Spannweite der beiden Rahmen der Großhülle: 15 m; Südtor: 30 m^2. *(Foto: Institut für Leichte Flächentragwerke)*

misch-funktionellen Objekte der gleichen Art als auch das Gemeinsame und Individuelle spiegeln".

Eine verhältnismäßig einfache Variante des Prinzips Leichtbau ist das passive Solarhaus, wie es sich Frei Otto als sein Wohnhaus in Warmbronn errichtet hat [Abb. 12]. Zu den schönen Beispielen eines Solarhauses gehört auch das 1988 errichtete, 1990/91 erweiterte Institut für unfallchirurgische Forschung und Biomechanik auf dem Ulmer Universitätsgelände. Prof. Dr. Caius Burri, Initiator der Ulmer „sculptura"-Ausstellung von Kunst mit erneuer-

Abb. 13 Das Institut für unfallchirurgische Forschung und Biomechanik der Universität Ulm bei Nacht – ein Klassiker der passiven Solarenergiegewinnung, erbaut 1988, erweitert 1990/91. *(Foto: Caius Burri)*

baren Energien (1996) machte dem Senat der Universität in den achtziger Jahren den Vorschlag, mit einer Stiftung das Institut zu finanzieren, wenn die Universität dafür den Baugrund stiftete. So kam es zu einer Synthese von experimentierfreudigem Forschungslabor, kreativitätsfördernder Kommunikationsform, einbezogener Natur (grünes Solarhaus) und 90 Kunstwerken in einem Komplex.

Der Architekt Dieter Schempp von LOG ID, Tübingen, kombinierte ein wärmegedämmtes, temperaturspeicherfähiges Kerngebäude in U-Form mit einem zentralen, nach Süden orientierten Glashaus, das Hörsaal und Besprechungsräume enthält [Abb. 13]. Alle Büros und Labors sind zum Glashaus hin ausgerichtet und mit großen gläsernen Faltfenstern versehen. Das Glashaus (Kosten: 450 000 DM) ist eine feuerverzinkte Stahlkonstruktion, mit einem hochwärmegedämmten Isolierglas versehen. Der K-Wert (er gibt die Wärmemenge an, die pro Zeiteinheit durch 1 qm eines Bauteiles bei einem Temperaturunterschied von einem Kelvin = 1 K hindurchgeht), bei Einfachglas 5,8 W/qmK, bei dreischeibigen Isoliergläsern mit Argonfüllung unter 2 W/qm, ist beim Ulmer Glashaus mit 1,3 W/qmK außerordentlich günstig. Die im Glashaus erzeugte Warmluft strömt beim Öffnen der Glasfaltelemente in die Räume des Massivgebäudes. In den Wintermonaten können die Elemente geschlossen werden, in heißen Monaten wird durch große, temperaturgesteuerte Lüftungsklappen an der Süd- und Nordfassade und im Bereich des Glasdaches der Luftaustausch vollzogen. Die passive Sonnenenergie bestimmte den Entwurf: Form folgt der Energie.

Solche Art von integriertem Glashaus ermöglicht den vielfältigen Einbezug eines Pflanzenreiches, das speziell für das vorhandene Klima ausgewählt wurde. Über das Leben und Arbeiten in einem Gewächshaus hat das für Ulm planende Team LOG ID in seinem Buch „Grüne Archen“ berichtet. Für eine neu gestaltete Ästhetik ist es wichtig, daß das Erlebnis „in der Symbiose mit Pflanzen gesteigert ist, da die Überlebenskraft der Pflanzen ja gerade auf der Verklammerung ihrer formalen Aspekte mit physikalischen Gesetzen beruht“. Da Pflanzen im Gegensatz zu statischen Elementen des Hauses die Raumverhältnisse durch Wachstum verändern, trägt auch das zur Ästhetik des Gebäudes bei, ebenso wie der Duft und die Farbe der Blüten.

Sechs Jahre nach dem Ulmer Klassiker der passiven Solarenergiegewinnung wurde von Dieter Schempp und dem LOG ID-Team ein neues Baubeispiel grüner Solararchitektur mit passiver und aktiver Sonnenenergienutzung in Herten errichtet. Für Stadtbibliothek und Kulturtreff kam es erneut zur Verbindung von Massivbau und Glasgebäuden, wobei ein gläsernes Dach beide Teile überdeckt. Die thermische Solaranlage (Luftkollektoren) auf dem Dach reicht im Frühjahr und Herbst aus, um Heizungswärme für alle Nutzungsteile zu gewinnen. Von besonderem Reiz ist es, in der gläsernen Rotunde der Bibliothek in einer Vielfalt von Pflanzen, Bäumen und Sträuchern sich auf den unterschiedlich hohen Balkonebenen niederzulassen.

Glas wurde auch zum bestimmenden Bauelement beim 1993 fertiggestellten Design-Center in Linz, einer Ausstellungs- und Kongreßhalle unter einem 204 m langen und 80 m breiten Glas- und Stahldach. Das Münchener Architektenbüro Herzog + Partner legte das Dach in Zusammenarbeit mit der Lichttechnik Bartenbach aus Aldrans so an, daß es hervorragende Tageslichtqualität, Schutz vor Blendung, Überhitzung, Wärmeverlust sowie natürliche Lüftung der Hallen verbindet. Zu den Hauptträgern des Daches gesellen sich die in Längsrichtung verlaufenden Nebenträger mit einem Abstand von je 270 cm. In ihnen sind die Glaspaneele installiert mit einem speziell für das Design-Center entworfenen Lichtlenkraster. Dafür tragen zwei Isoliergläser ein kleinstformatiges

Spiegelraster von 16 mm Höhe, technisch gesehen ein Kunststoffraster mit Reinstaluminium beschichtet. Durch kleinste Lichtöffnungen kann diffuse Sonnenstrahlung eintreten, während direkte Strahlung reflektiert wird. Das alles ist für die tages- und jahreszeitlich sich verändernde Sonneneinstrahlung variabel gehalten. Größter Wert wurde im Vergleich zu herkömmlichen Gebäuden auf die erweiterte Haustechnik gelegt. So sind im Gebäudekomplex insgesamt 2500 Meßpunkte für Temperatur, Luftqualität und Druck angebracht, die Ergebnisse in einen zentralen Rechner speichern.

Die neue Ästhetik am Modell neuer Material- und Energiekonzepte zeigt sich auch anhand eines Lichtraumes, eines Leichtbau-Systems und genereller Transparenz. Dies wird sinnlich erfahren, auch wenn hochtechnologische, innovative Techniken für Klima, Luftreinheit, Helligkeitsverteilung integriert sind. So ist das Linzer Glasdach eine Klimawand zwischen Außen und Innen und zugleich ein Lichtregulator. Als Gesamtheit wird die Erfahrung von geleitetem Licht und Transparenz zur Grundlage der ästhetischen Erfahrung. Thomas Herzog, Mitorganisator der 4. Europäischen Konferenz für Solarenergie in Architektur und Städteplanung von 1996 in Berlin, sieht das Thema der Transparenz durch Anwendungsbeispiele der Sonnenenergie neu definiert. Andererseits steht es in einer langen, intensiven kulturellen Tradition, in den Hochleistungen der Gotik, dem geistigen Repertoire der Renaissance und den barocken Deckengemälden als Beispiel.

Biologie, Genetik und solares Bauen

Ende der sechziger Jahre führte Charles Jencks in einem Buch über Architektur des Jahres 2000 aus, daß Biologie die zentrale Metapher der neunziger Jahre des 20. Jahrhunderts sein würde und die Quelle der bedeutendsten architektonischen Bewegung als die „biomorphe Schule".

Der biologisch inspirierte Architekt kopiert jedoch nicht die Natur. Manche Fehldeutungen aus dem Umfeld einer populären Bionik lassen das vermuten. Stellvertretend für eine klare Definition sei hier auf den Architekten Frei Otto verwiesen, der 1961 eine Forschungsgruppe „Biologie und Bauen" initiierte. „Um natürlich zu sein", schrieb Frei Otto, „muß ein menschliches Produkt nicht aussehen wie ein natürliches Objekt. Das große Ziel ist, daß Häuser und Städte, zusammen mit Pflanzen und Tieren, ein natürliches Biotop darstellen, daß also das Haus nicht gegen die Natur gerichtet ist, sondern daß der Mensch und seine Technik ein untrennbares Teil der Natur ist."

Der natürliche Zugang zum Licht ist für Neubauten eine Grundforderung, die aller weiteren biologischen Orientierung vorangeht [Abb. 14]. Alle später ins Gebäude installierten Energieoptimierungsverfahren kommen erst an zweiter Stelle. Die Ernte des natürlichen Sonnenlichtes ist abhängig vom Bauort, der Ausrichtung des Gebäudes, der Einbeziehung der tages- und jahreszeitlichen Solarkonstanten. Raum und Zeit sind die sorgfältig zu berechnenden Koordinaten. Zu den traditionellen Berechnungsverfah-

Abb. 14 Luftaufnahme des Wissenschaftsparks Gelsenkirchen. Auf den Flachdächern der langgezogenen Anlage wurden 1996 insgesamt 900 photovoltaische Module von der Fa. Pilkington Solar International installiert, die im 28°-Winkel geneigt sind und 210 kWp Energie ernten. *(Foto: Pilkington)*

ren kommt heute die Möglichkeit hinzu, form- und energiegenerierende Prozesse mit vielfältigen elektronischen Simulationen durchzuführen. Ich verweise auf die langjährigen Forschungen zu einer evolutionären Architektur, die John Frazer von der Londoner *Architectural Association* in Zusammenarbeit mit Studierenden der dortigen *Diploma Unit 11* durchführt. Wenn Frazer von biologischen Prozessen spricht, meint er die informationstechnische Einarbeitung der Bildungsprozesse und Informationssysteme aus der Natur in eine für Architekten verwendbare Sprache. Hierher gehören die natürlichen Tendenzen zur Selbstorganisation, Gesetze der Thermodynamik, Morphologie, Morphogenetik und des Metabolismus.

Die Architektur sieht Frazer in seinem 1995 erschienenen Buch zur evolutionären Architektur „als eine Form künstlichen Lebens, die – wie die natürliche Welt – den Grundsätzen der Morphogenese, der genetischen Codierung, der Wiederholung und Auswahl unterliegt. Ziel einer evolutionären Architektur ist es, in der gebauten Umwelt das symbiotische Verhalten und metabolische Gleichgewicht zu erreichen, die charakteristisch sind für die natürliche Umwelt." Computererzeugte Modelle können das Gebäude im solaren Kontext erforschen und die Entwurfsplanung wesentlich unterstützen.

Beispielsweise wurde unter Leitung Frazers von Guy Westbrook eine ursprüngliche Kreisform, die alle möglichen Sonnenstandpunkte berücksichtigt, in einen simulierten Wachstumsprozeß versetzt und verschiedenen Bedingungen der Sonnenbewegung ausgesetzt. Die Oberflächen können nunmehr unter den Einflüssen des von der Solar-Geometrie erschaffenen mathematischen Feldes nach außen in Richtung größter Sonnenstrahlung wachsen, aber auch schrumpfen, also sich generell bewegen. Ein anderes Computerprogramm wurde ebenfalls von Westbrook 1993 entwickelt, um berechenbare Projektionen der Sonnenbewegung für jeden Breitengrad und jede Gebäudeausrichtung zu schaffen.

Neben solchen selbstentwickelten solaren Simulationsverfahren gibt es auf dem Markt auch andere, die entweder als dynamische Simulation alle zeitlich veränderbaren Situationen einbeziehen oder statisch von einem Gleichgewichtszustand ausgehen. Zu den dynamischen gehören Apache, Esp, Suncode, Tas, zu den statischen Epass oder Thermotekt, deren Anschaffungspreise zwischen freier Benutzung in der Forschung (Esp), einigen hundert Mark (Epass, Thermotekt) bis zu Preisen von vier- bis siebentausend Mark und auch weit darüber liegen (Tas).

Die organische Interaktion mit der Biosphäre fördert neue Impulse zur Erhaltung, Dauerhaftigkeit und im weiteren Verlauf auch eine neue Ästhetik. Metabolismus als Austausch der Kräfte und Energien geht in diese Ästhetik ein.

Die Sonne im Heliotrop. Gespräch mit Rolf Disch

„Nennen Sie dem Taxifahrer einfach den Namen vom Heliotrop", sagte Rolf Disch am Telefon, „er findet das dann." Wir fanden das Wohnhaus des Freiburger Architekten nach einigem Suchen. Tatsächlich liegt es fast verwunschen hinter einer Siedlung; erst wenn man sich im Turmhaus Heliotrop aufhält, speziell in den oberen Räumen, kippt die Sichtbarkeit um: Man erfährt einen weiten Rundblick auf benachbarte Weingärten und die fernen Vogesen. Als wir an diesem späten sonnigen Septemberabend bei ihm sitzen, gießt Helios, die Sonne, ein Lichtmeer aus. In den Wolken bildet sich ein farbiges Prisma, und durch die Glaswände des Heliotrop dringt vor Anbruch der Dunkelheit ein monochrom gestaffeltes gleißendes Licht in die Räume [Abb. 15].

In einer Broschüre zum Heliotrop erwähnt Disch die heutigen Möglichkeiten, „aus der Pflicht die Kür zu machen", aus dem sinnvollen, sparsamen Umgang mit Energien auch ein ästhetisch reizvolles, angenehmes Wohnen zu gestalten. „Lichtdurchflutete Räume, der Sonne zugewandt; Südbalkone, vom Dachüberstand vor der Sommersonne geschützt; südorientierte Dachflächen mit integrierten Sonnenkollektoren und Solarzellen für die Wärme- und Stromversorgung; Wärmeschutzverglasungen und Außendämmung mit Werten deutlich über den Vorschriften; modular gestaltbare Häuser mit unterschiedlich großen, variablen Einheiten. Denn energiesparendes, solares und ökologisches Bauen bedeutet keinen Verzicht, sondern ein Mehr an Wohnkomfort."

Häuser sind Antennen

Claus: Ich möchte mit einer grundsätzlichen Frage in unser Gespräch einsteigen. Sie geht dahin, wie sich durch den Einsatz erneuerbarer Energien die Ästhetik des Bauens verändert. Kommen wir zu gänzlich neuen Lösungen, oder knüpfen wir an Vergangenes an?

Abb. 15 Rolf Disch, „Heliotrop“ in Freiburg, Breisgau. Wohnfläche: 148 m²; Basisgeschoß: 77 m²; Dachgarten: 60 m². Das mit ausgeklügelter Technik versehene Solarhaus verbraucht achtmal weniger Energie als im Bundesdurchschnitt üblich. *(Foto: Büro R. Disch)*

Disch: Mit Sicherheit müssen wir an die Vergangenheit anknüpfen. Wir müssen klimagerecht bauen und können nicht einfach Architektur entwickeln und um die Welt verbreiten, bei der das Raumklima durch Heizen oder Kühlen mit fossiler oder atomarer Energie ausgeglichen wird. Da können wir von unseren Vorfahren lernen, die diese Energie nicht hatten. Wir verfügen hingegen auch über neue Materialien, neue Fensterqualitäten, neue Wärmedämmungen; wir können heute Häuser dicht bauen, was uns den sorgsamen Umgang mit Energien erleichtert. Der Architekt muß heute allerdings Rücksicht nehmen auf den Komfort, den wir alle gewohnt sind. Das führt zu unserem Ansatz: Wie bekommen wir das, was bisher durch sehr viel fossile Energie bewerkstelligt wurde, mit Sonnenenergie und intelligentem Umgang der vorhandenen Energie auf die Reihe? Sie fragen nach der Veränderung der Ästhetik. Zentrales Thema ist die Außenhaut des Gebäudes. Sie steht mit der Umwelt in Verbindung und kann Energie aufnehmen, sie ist gleichsam die Antenne. Hier müssen wir die Energietechnik unterbringen: größere Verglasungen, Sonnenkollektoren, Photovoltaik-Module. Wir können das nicht verstecken. Insofern glaube ich schon, daß sich die Architektur ändern wird und muß.

Claus: Warum sind Sie mit dem Heliotrop-Haus in die Höhe gegangen? War das ein Raumproblem, oder folgte das der inneren Struktur?

Disch: Ich wollte dieses Haus bauen und habe ein Grundstück gesucht. Das Grundstück hier war für ein übliches Haus denkbar ungeeignet, so schlug ich der Baugesellschaft ein solches Baumhaus vor, die lehnte aber ab, so kaufte ich das Grundstück. Ich plante um, denn das vorgeschlagene Baumhaus war relativ einfach konzipiert, und baute dieses Experimentierhaus. Die Form des Heliotrop-Hauses kam aus der Überlegung, alle Fragen des nachhaltigen, zukunftsorientierten Wirtschaftens in Angriff zu nehmen und zu sehen, wieweit kann ich das heute betreiben. In bezug auf den Boden hieß das, ihn fast nicht mehr zu versiegeln. Das Haus steht auf nur 9 m^2, den Rest versuchen wir der Natur zurückzugeben. Wir lassen ganz bewußt Spontanvegetation zu.

Claus: Sie sagten, man knüpfe auch an die Tradition an. Das bringt mich zu der Frage, ob Sie beim Entwurf des Turmhauses sich der Tradition etwa eines Buckminster Fuller bewußt waren, der zunächst in seinen „4D"-Turmhäusern, also den vierdimensionalen Häusern, ab 1927 in die Höhe plante, überdies den Transport per Luftschiff vorsah und für den die Umwelt-Kontrolle des Gebäudes zentral war?

Disch: Ich habe die Parallelen erst später entdeckt. Im übrigen habe ich mich auch mit Flugobjekten beschäftigt, habe Entwürfe für einen Solar-Zeppelin gemacht und wollte den ersten Solar-Zeppelin in Form eines flachen, stromlinienförmigen Fesselballons als bewegliches Dach einbauen. Das war ein Projekt für die Weltausstellung in Sevilla, nicht ausgeführt allerdings. Meine Idee war, die Kraft der Sonne in einem Dach darzustellen, das solar erwärmt wird. Als Motto für den deutschen Pavillon hatte ich damals „Phantasie und Energie" vorgeschlagen.

Claus: Die Frage des Gewichtes eines Hauses war im Kontext des Lufttransportes für den amerikanischen Planer und Architekten entscheidend. Er berechnete sein durch Zeppelin zu beförderndes Haus komplett mit Installationen etc. auf 54 Tonnen. Haben Sie das Gewicht Ihres Heliotrop-Hauses berechnet?

Disch: Das Haus wiegt komplett mit Solargenerator 100 Tonnen, man könnte es noch leichter machen. Es ist ja insgesamt eine Holzkonstruktion; was uns interessierte, war zu zeigen, daß Holz ein High-Tech-Baustoff ist und ein Zukunftsbaustoff schlechthin. Holz gehört zu den nachwachsenden Rohstoffen, auf die wir zunehmend greifen müssen. Geht man von einer Lebenserwartung eines Hauses von 100 Jahren aus, so wachsen in der Zeit drei Bäume nach. Wir betreiben so aktiven Klimaschutz. Das bedingt allerdings eine nachhaltige Forstwirtschaft, die in Deutschland weitgehend betrieben wird. Jeder nachwachsende Baum holt CO_2 aus der Atmosphäre und speichert ihn. Wir verwenden überwiegend Fichtenholz, also ein schnellwachsendes Holz, wovon wir auch relativ viel haben.

Claus: Ich möchte noch einmal auf die Frage nach der Gestalt einer solaren Architektur zurückkommen. Was sind die Kennzeichen solcher Architektur?

Disch: Ich würde erst einmal die Aufgaben definieren. Eine der wichtigsten Aufgaben ist es, Räume zu schaffen, in denen man sich wohl fühlt. Das gilt für das Haus und auch für den Außenraum, die Siedlung, den Platz. Das ist so wichtig, damit die Menschen nicht versucht sind, sich in jeder freien Minute

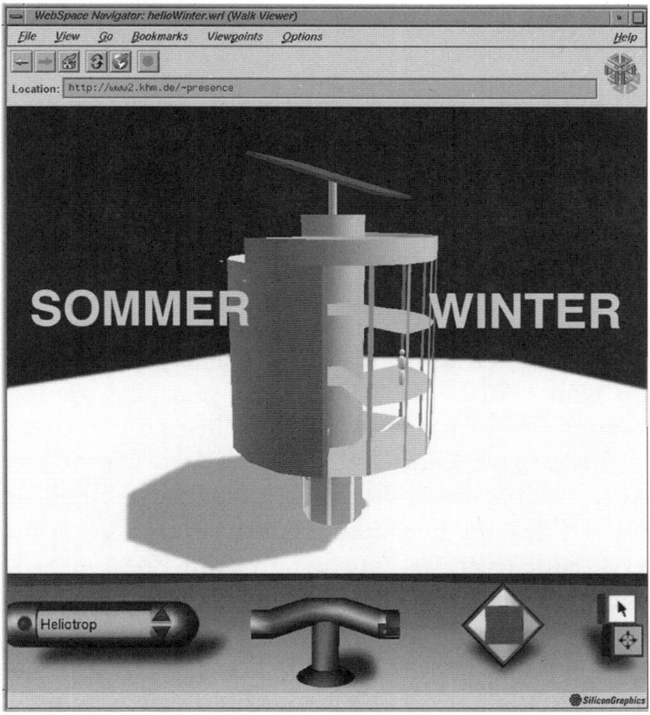

Abb. 16 Die Drehbarkeit des Turmhauses „Heliotrop“ von Rolf Disch ermöglicht es, die Sonnenwärme optimal zu nutzen. So kann sich die verglaste Hausseite mit ihren Energieempfängern im Winter der Sonne zuwenden; bei sommerlicher Hitze dreht es die wärmegedämmte Seite zur Sonne. Die Abbildung zeigt eine Internet-Grafik aus der Vordiplomarbeit *Sustainable Presence* an der Kunsthochschule für Medien Köln von Christian Bumba und Chris Ganter. *(Foto: Archiv J. Claus)*

ins Auto zu setzen und woanders hinzufahren. Das ist eine Grundvoraussetzung. Dann muß man überlegen, was man kombinieren kann. Will ich Wärme haben, passive Solarenergie, brauche ich Fenster nach Süden; wenn ich gutes Glas habe, verzeichne ich mehr Gewinne als Verluste – ich kann auf diese Art das Haus beheizen [Abb. 16]. Dazu bekomme ich auch die Aussicht und die Verbindung etwa zum Garten. Ich hole das Außen rein und das Licht. Das meine ich mit Mehrfachnutzung. Nach der Architektur selbst müssen wir alle suchen. Die haben wir noch nicht gefunden. Das Heliotrop-Haus ist ein Experimentierhaus, freistehend, wie ich normalerweise nicht baue. Im Augenblick arbeiten wir an Plusenergie-Häusern, das sind Häuser, die gereiht und gestapelt werden können. Sie benötigen wenig Fläche und erzeugen, übers Jahr gesehen, mehr Energie als darin verbraucht wird. Die für das Heliotrop entwickelte Technik ist dafür abgeleitet. Die unkonventionellen Häuser sind nach Süden verglast, ausgestattet mit Photovoltaik und Warmwasser-Kollektoren, vorgefertigt aus Holz. Technisch gesehen sind solche Plusenergie-Häuser kein Problem, auch finanziell nicht. Zusammen mit intelligenten Finanzierungsformen und der gewonnenen Energie sind sie sogar leichter zu finanzieren als normale Niedrigenergie-Häuser, die uns noch lange nicht den gewünschten Effekt bringen. Wir müssen den Spieß umdrehen und vom Verbrauchen wegkommen. Wir können es. Die Häuser sind Antennen; richtig ausgeführt, gewinnen sie mehr Energie aus der Umwelt, als im Haus benötigt wird.

Konsequenzen für die solare Stadt- und Landschaftserneuerung

Solare Strategie und Metamorphose

Modische Analysen vom Ende der gebauten Architektur, von deren Verschwinden in randstädtischen und posturbanen Konstruktionen sowie von deren Auflösung in allen Arten Cyberspace usw. entheben uns keineswegs der Aufgabe, Gebäude, Architektur und Urbanität mit dem Zielpunkt einer solaren Orientierung neu zu sehen und diese neue Sicht zu gestalten. Man mag den genannten Analysen in Teilen zustimmen; zu fragen ist jedoch, ob wir das aus der Analyse Geforderte auch wollen. Es ist höchste Zeit, sich auf das Ziel einer positiven Lebens- und Weiterlebensstrategie einzulassen, dieses Ziel in aller Plastizität zu beschreiben und die kulturellen Strategien aufzuzeigen, die uns dahin bringen [Abb. 17].

Niemand kann wachen Geistes und mit einer gehörigen Portion Egoismus wie konkretem Lebenswillen für sich und seine Lebensumwelt, seine Familie, seine Arbeitsumgebung, seine zukünftigen Lebensumstände ein solches Ziel ablehnen, jeder sollte es wollen. Warum tun wir uns dann so schwer, uns in kleinen Schritten darauf zu konzentrieren und umzusteuern?

Den solaren kulturellen Strategien und Symbolen ist die Kraft zur Veränderung eigen, die uns qualitativ nicht hinter erreichte Lebensformen zurückfallen läßt, sondern die Erhaltung und Entwicklung dieses Standards entsprechend den Maßstäben der Bio-

Abb. 17 Freilichtplaza mit Brunnen, Windrad, Lichtstele von Otto Piene im Gelände der Universität Konstanz. Die gesamte künstlerische Gestaltung der Uni wurde eine „Dauer-documenta der siebziger Jahre" genannt. *(Foto: J. Claus)*

sphäre ermöglicht. Aus der Beobachtung und dem Wissen um die Metamorphose natürlicher Formen wissen wir, daß es Strukturerhaltung mit langfristigem Wachstum gibt (nehmen wir Fichten oder Tannen als Beispiel), aber auch Strukturerhaltung mit partieller (jahresrhythmischer) Erneuerung (etwa der Energieversorgungssysteme, Austausch der Blätter bei Buchen oder Eichen), daß es ebenso zu zyklischen Metamorphosen (Keim, Pflanze, Blüte, Frucht, Absterben, Samenbildung) kommt. Für das außerordentlich komplexe Geflecht von Stadt- und Landschaftsveränderung gilt das Erhaltungsprinzip einer biosphärischen Verwurzelung des Menschen wie für Tier und Pflanzenwelt.

Schritte zur solaren Stadtentwicklung

30 europäische Architekten, darunter Sir Norman Foster, Thomas Herzog, Frei Otto, Renzo Piano, haben im März 1996 in Berlin eine „Europäische Charta für Solarenergie in Architektur und Städteplanung“ unterzeichnet, in der die gesamte Architektenschaft aufgefordert wird, neue, auf Sonne bezogene gestalterische Konzepte zu entwickeln, da nur die bildhafte Vorstellung zu einer öffentlichen breiten Akzeptanz des solaren Bauens führt [Abb. 18]. Solche Konzepte beinhalten beispielsweise die Errichtung von Gebäuden als Gesamtsysteme, die Klimadaten wie Sonnenstand und -verteilung, Windrichtung und -stärke der lokalen Gegebenheiten berücksichtigen, ebenso die Hülle als steuerbare Energiemembran oder die Inte-

Abb. 18 1994 startete das Projekt einer netzgekoppelten Solarstromanlage auf der Südtribüne des Dreisamstadions in Freiburg/Breisgau. Die Finanzierung erfolgte über Anteilsscheine zu jeweils 500 Watt bei der Solar-Energie-Systeme GmbH; die Projektbetreuung unternahm die Regio Energie- und Solaragentur in Freiburg. Vorgesehene Energieeinnahme: 100 kWp. *(Foto: Ingo Hagemann)*

gration von Vegetation und Grünflächen als Verschattung, Windbarriere, Staubbindung, Sauerstoffversorgung. Die Forderungen der Charta sind im Geist der oben angesprochenen solar-kulturellen Strategien selbstverständliche Themen, die von der Geschichte der Geisteswissenschaft unterstützt werden, beispielsweise wie wenn Schopenhauer in seiner 1818 vorgelegten Schrift von der „Welt als Wille und Vorstellung" der Architektur-Ästhetik folgende Aufgabe zuordnet: „Wenngleich die Baukunst keineswegs die Formen der Natur, wie Baumstämme oder gar menschliche Gestalten, nachzuahmen hat, so soll sie doch im Geist der Natur schaffen, namentlich indem sie das Gesetz ... zu dem ihrigen macht, demnach alles selbst nur scheinbar Zwecklose vermeidet und ihre jedesmalige Absicht, sei diese nun eine rein architektonische, das heißt konstruktionelle oder aber eine die Zwecke der Nützlichkeit betreffende, stets auf dem kürzesten und natürlichsten Weg erreicht und so dieselbe durch das Werk selbst offen darlegt."

Tatsächlich – der Philosoph mag mir diese Interpretation nachsehen – ist es der sowohl kürzeste als auch natürlichste Weg einer solaren Stadtgestaltung, die Energiegewinnung auch vor Ort vorzunehmen. Daß dies nicht Fiktion, sondern machbar ist, haben mehrere Studien gezeigt. Dazu gehört jene, zu der auch die von Joachim Nitsch geleitete Abteilung Systemanalyse und Technikbewertung der Deutschen Forschungsanstalt für Luft- und Raumfahrt in Stuttgart federführend beigetragen hat. Es wurde eine Modellgroßstadt mit einer halben Million Einwohnern aus den statistischen Daten von 31 westdeutschen Großstädten mit mehr als 200 000 Einwohnern (Bezugsjahr 1990) extrapoliert und dem damaligen Energieszenario ein zukünftiges auf Einsparungen und Einbezug regenerativer Energien beruhendes gegenübergestellt. Die Ergebnisse wurden u. a. 1992 in dem Sammelband „Solar-City" und 1996 in der Dokumentation „Solararchitektur für Europa" abgedruckt.

Die Modellstadt, die sich auf 14 km^2 mit zusammen 84 000 Wohn- und Nichtwohngebäuden erstreckt, benötigt pro Jahr ohne Verkehr 15 600 Milliarden (= Giga) Watt pro Stunde aufs Jahr (GWh/a, a = Jahr), wovon der größte Teil mit 45 % für Raumheizung zu Buche schlägt, gefolgt von 29 % Prozeßwärme (hauptsächlich für Industrie). Der elektrische Verbrauch beträgt 3400 GWh, wovon 75 % für Kraft (Antriebe), Licht, Kommunikation und 25 % für Wärmeerzeugung verbraucht wird. Der Primärenergiebedarf (vor Abzug der Umwandlungsverluste) ist mit 23 500 GWh/a anzunehmen, davon 11 % aus nuklearen, 2 % aus erneuerbaren und der große Rest aus fossilen Energiequellen.

Für die Zukunft ließe sich durch kritische Überprüfung und Verringerung der Energieverbrauch auf 65 % der gegenwärtigen Werte reduzieren. „Der typische Einwohner der Modellstadt“, schreibt Nitsch in der erwähnten Dokumentation, „verbraucht dann noch jährlich 5900 kWh/m^2 an Elektrizität (derzeit 6800 kWh/m^2/a) und benötigt rund 14 100 kWh/m^2/a Brennstoffe oder regenerative Energie für Wärmezwecke (derzeit 24 000 kWh/m^2/a).“ Wo und wie wäre nun die Strahlungsenergie der Sonne im städtischen Raum einzubringen? Eine theoretisch angenommene 100%ige Einspeisung aus solarer Energie für Wärme und Strom würde 32 km^2 Kollektorenfläche erfordern, was die Vorgaben nicht erlauben, denn als maximaler Wert innerhalb der Modellstadt stünden 3,4 km^2 auf Dächern und 1 km^2 in Fassaden zur Verfügung. Den solaren Flächennutzungsgrad sieht Nitsch bei etwa 10 % der Siedlungsfläche.

„Die direkt in einer Großstadt nutzbaren regenerativen Energiequellen sind somit hauptsächlich von derjenigen Fläche abhängig, welche man im Rahmen einer langfristig angelegten Stadtplanung für solare

Zwecke nutzbar machen will. Orientiert man sich an dem oben gewählten Richtwert von etwa 10 % der Siedlungsfläche bzw. 3,5% der gesamten Gebietsfläche, so lassen sich also 20 bis 35% des Energiebedarfs einer Großstadt – nach einer energetischen Optimierung – durch regenerative Energiequellen vor Ort decken. Für kleinere Städte und Landgemeinden sind die entsprechenden Anteile höher." Weitere regenerative Energiequellen wie Wasserkraft, Windenergie, Biogasgewinnung und Brennstoffe aus Energiepflanzenanbau, die landintensiv und primär nicht großstädtisch erzeugt werden können, bilden jedoch ein wichtiges Verbundsystem mit den innerstädtisch erzeugten Energien für eine solare Energiewirtschaft.

Jeder mit erneuerbaren Energien durch vorbildliche Integrationslösungen gewonnene Prozentpunkt führt in die Richtung einer solaren Energiezukunft, vermittelt Erfahrungswerte, schafft Arbeitsplätze bei Produktion, Installation, Wartung und entlastet die Umwelt. Das gilt zum Ende des 20. Jahrhunderts besonders für das innovationsreiche Feld der Fassaden mit Photovoltaik-Integration, von denen bislang in Deutschland etwa 100 realisiert wurden [Abb. 19].

Beispiele gibt es in Städten wie Bayreuth (Oberfranken AG), Berlin (Ökotec3), Gera (Wohn- und Geschäftshaus), Jülich (Forschungszentrum), Lausanne (Ecole Polytechnique) und Monthey/Schweiz (Rathaus), München (Bayerisches Staatsministerium für Landesentwicklung und Umweltfragen), Stuttgart (IGA-Häuser) und Wernberg (Flachglas AG). Das Stuttgarter Projekt entstand in

Abb. 19 Senkrechte und schräge Fassaden am Verwaltungsgebäude des Bundesverbandes Flachglas in Troisdorf (Rheinland) wurden 1996 mit 400 m^2 photovoltaischen Modulen der Fa. Pilkington Solar International belegt. Leistung: 28,5 kWp. *(Foto: Pilkington)*

Form von drei zusammenhängenden Einfamilienhäusern zur IGA 1993. Jedes wurde auf der Südseite mit je 8 photovoltaischen Fassadenelementen mit polykristallinen Solarzellen (= ca. 36 m^2) ausgestattet, die pro Jahr etwa 3900 kWh ergeben. Die Firma Pilkington, führend auf dem Gebiet der solaren Glasfassaden-Technologie, hat überdies holografische Lichtleitsysteme in die Fassade integriert, die ein System von gläsernen Lamellen je nach Lichtbedarf im Innenraum steuern. Eine wesentlich größere Fassadenintegration unternahm die Firma beim Großforschungszentrum ELSA im italienischen Ispra. Ein

Großteil der 25 m hohen und 65 m langen Hallenfassade (etwa 500 m²) wurde mit 420 PV-Elementen mit hauchdünnen amorphen Zellen belegt, um auch diese Technologie experimentell zu überprüfen. Eine große Anzeigentafel vermittelt die jeweils erzeugte Leistung und die pro Tag eingefangene Solarenergie. Pro Jahr liegt die Energieernte bei etwa 37 000 kWh.

Solare Landschaftserneuerung

Im Juni 1997 entschied der Landtag Brandenburg, das 650 Jahre alte Dorf Horno, östlich von Cottbus an der Lausitzer Neiße gelegen, abzureißen, um dort Braunkohle abzubauen. Die Bewohner hatten unter anderem mit der Errichtung einer Solarstromanlage gegengesteuert. Eurosolar, unter der engagierten Leitung von Hermann Scheer und Irm Pontenagel, hatte den Protest unterstützt, auch mit dem Hinweis, daß ein Quadratmeter Photovoltaik in jeweils 50 Jahren soviel Strom erntet wie der Quadratmeter Braunkohleflöz in 30 m Tiefe, der jedoch nur einmal, und zwar klimaschädlich verheizt werden kann.

Da auch die politischen Entscheidungen für oder gegen Kohlesubventionen, für oder gegen Garzweiler II in Nordrhein-Westfalen eine jahrelange kontroverse Diskussion verursacht hatten, hat Hermann Scheer das Thema der Erneuerung der Kohleregionen durch erneuerbare Energien in verschiedenen Publikationen und Vorträgen aufgegriffen. So sagte er 1997 beim Königswinter energiewirtschaftlichen Kolloquium: „Mit den Mitteln der Kohlebeihilfe soll es zu einer bisher weltweit einmaligen Anschubfinanzierung zur Produktion ökologischer Energietechniken kommen. Daß im Bundeshaushalt für die Marktstützung der heimischen Steinkohleförderung 400mal mehr Geld ausgegeben wird als für die Markteinführung erneuerbarer Energien, ist inhaltlich absurd."

Am Beispiel der Ruhrkohle AG führte er aus, welche Aktivitäten das bereits stark diversifizierte Unternehmen bei einer Ausrichtung auf erneuerbare Energien übernehmen könnte: Technologien und Materialien solaren Bauens verbunden mit Wärmedämmtechniken; Weiter- und Berufsbildung von solaren Technikern; Solarzellenproduktion (Beispiele für den expandierenden Markt: solarbetriebene PC, Handys, TV-Empfangsschüsseln); Windkraftanlagenbau (die in Deutschland in den letzten sieben Jahren dafür entstandenen 12 500 Arbeitsplätze haben pro Platz nur 5000 DM gekostet) [Abb. 20/21].

Mit Zielrichtung einer Umstrukturierung des vorhandenen Know-hows der Montanindustrien auf erneuerbare Energien führte er aus: „Die Techniken der Kohlevergasung und Kohleverstaubung sind mit den Technologien der Biomassevergasung und Biomasseverstaubung eng verwandt – und bei diesen liegt die Zukunft der energetischen Biomassenutzung. Sowohl für die energetische Verwertung von organischen Abfällen, land- und forstwirtschaftlichen Reststoffen und energetischer Biomasseverwertung, kombiniert mit Wasserreinigungstechniken liegen enorme ökologische und wirtschaftliche Zukunftserfordernisse in Verbindung mit kommunalen und

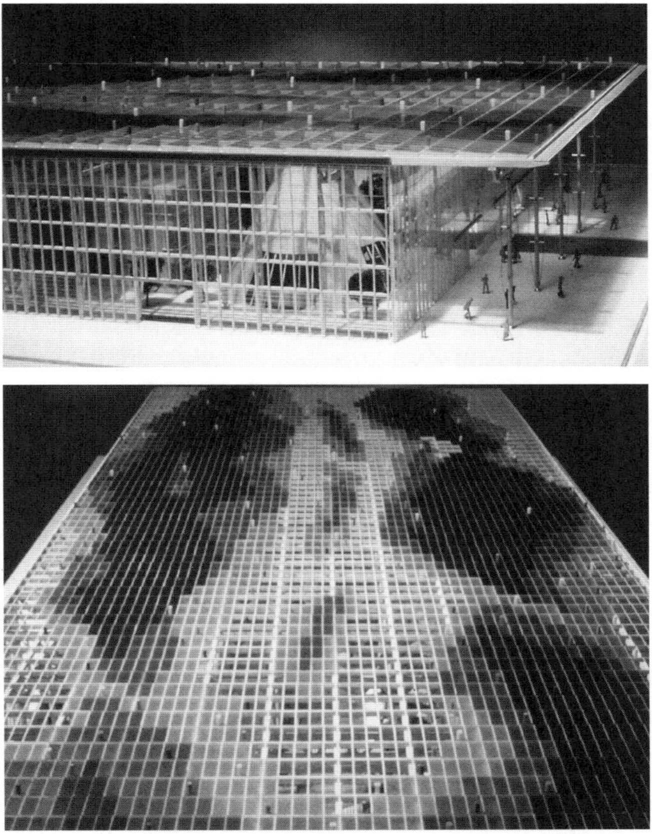

Abb. 20/21 Modell der 1998 fertiggestellten Fortbildungsakademie des Innenministeriums Nordrhein-Westfalen in Herne. Ein dachintegriertes Solarkraftwerk mit 3080 photovoltaischen Modulen der Fa. Pilkington Solar International auf einer Fläche von 9500 m² bringt eine Leistung von 1 MWp – mehr als das Doppelte des Eigenverbrauchs. Durch verschiedene Belegungsdichten mit unterschiedlicher Lichtdurchlässigkeit erscheinen die Solarmodule wie ein Wolkenbild in der gläsernen Hülle. *(Foto: Pilkington)*

landwirtschaftlichen Energiekonzepten." Die von Scheer vorgeschlagene Umwidmung der Kohlesubvention zu Anschubhilfen für energieeffiziente und erneuerbare Technologien würde gerade den arg industriell belasteten Kohlerevieren eine zukunftsoffene, konstruktive Perspektive geben. Eine solare Landschaftserneuerung wäre machbar, bezahlbar und im Sinne der Erhaltung der Biosphäre nötig.

Einige von der EU geförderte Projekte zielen gegenwärtig auf die solare Neugestaltung urbaner und landschaftlicher Zonen. Dazu zählt das Stadtsanierungsprojekt von Saline-Ostia Antica am Stadtrand von Rom, wodurch ein neues Wassergesamtkonzept, Grüngürtel und neue Energiekonzepte mit Solarstationen sowie einem Biogas-Kraftwerk eine biosphärisch vertretbare Durchdringung städtischer und landwirtschaftlicher Strukturen erreicht werden soll.

Ergänzend folgen einige Beispiele der solaren Landschaftserneuerung und -erhaltung, und zwar geographisch wie architektonisch. 1990 gewann der Architekt Renzo Piano mit seiner Bauwerkstatt, unter besonderer Mitarbeit von Paul Vincent, den Wettbewerb für ein Kulturzentrum im Osten von Nouméa, Neukaledonien, die der materiellen Kultur wie dem aktuellen Leben des Kanakenvolkes gewidmet war. Auf einem herrlichen Areal, das von drei Seiten vom Pazifik umgeben ist, entstehen seit 1993 Häuser, die an die Bauweise traditioneller Hütten anknüpfen. Materialtechnisch sind es gekrümmte Konstruktionen aus Holzlatten und gebogenen Schichtholzelementen. Die Luft – Tochter der Sonne – zirkuliert zwischen zwei Schichten der Holzverkleidung, die Strömungen werden über Blenden gesteuert: öffnen sich bei leichter Brise, schließen sich bei starkem Monsum: ein System optimaler Energieeinsparung. Übrigens hat Renzo Piano das Schichtenprinzip zweier Membranen, wobei der Luftzwischenraum Außen- und Innentemperatur ausgleicht, bei einigen anderen Bauten wie der *Cité Internationale* in Lyon oder dem Einkaufszentrum von Bercy 2 in Paris verwirklicht. Die schönste Aufhebung der Mauer als hauchdünner Glasmembran ist ihm in seinem UNESCO-Laboratorium-Workshop in Punta Nave bei Genua, seiner Geburtsstadt, gelungen.

„Den ganzen Tag", schreibt er im Katalog zu seiner Bonner Ausstellung 1997, „kann man mit natürlichem Licht arbeiten, das durch solarzellengesteuerte Blenden automatisch reguliert wird. Eine Lampe, auch die allerschönste, taucht die Dinge in eine zeitlose Kälte, während unser Licht einer natürlichen Uhr entspricht: Es wechselt mit jeder Stunde und mit der Witterung, es wirft unterschiedliche Farben und Formen auf Mauern, Arbeitstische und Zeichnungen. Es gefällt mir einfach, diesen Ort als ein posturbanes Laboratorium – nicht als antiurbanes – zu denken. Das Gebäude ist ein Gebilde aus Raum, Sonne und Natur, wie Le Corbusier es definiert hat, es ist aber mit Hilfe von modernsten elektronischen Kommunikationsmitteln mit der ganzen Welt verbunden."

Solares Design

Solarökologisches Design

Entwurfsstrategie mit der Umwelt

Solarökologisches Design heißt, umweltentsprechende Entwurfsstrategien zu entwickeln sowie Materialien einzusetzen, die ein Optimum durch erneuerbare Solarenergie erzielen, stets auf die jeweilige Aufgabe, deren geographische wie klimatische Lage bezogen. Hinter dem solarökologischen Design steht die Gesamtheit solarer Erfahrung, soweit sie zum Zeitpunkt des Entwurfs und dessen Umsetzung anwendbar ist. In bezug auf solare Architektur kann eine solarökologische Designstrategie sowohl übergeordnete Kriterien entwickeln, sich aber im Einzelfall auch der Architektur und dem Lebensraum ein- und unterordnen.

Verschiedene Interpretationen eines neuen, auf alte Quellen verweisenden Planet-Erde-Designs wurden im 20. Jahrhundert angeboten. Das solare Design ist davon ein Teil, ist Teilhaber am allgemeinen Prozeß, natürliche, ökologische und biosphärische Kriterien in den Entwurfsvorgang und das gestaltete Ergebnis sowie dessen Wirksamkeit einzuführen. Design meint in diesem Sinne nicht vor-

Abb. 22 Integration von Architektur, Kunst und Umwelt bietet der jahrzehntelang als Forschungs-, Arbeits- und Diskussionsstätte benutzte Stuttgarter Versuchsbau für den von Frei Otto entworfenen Pavillon der Bundesrepublik Deutschland in Montreal, 1967. *(Foto: Archiv IL, Stuttgart)*

wiegend das Gebrauchsprodukt, sondern unsere gesamte Entwurfsstrategie. Hier einige Definitionsansätze dazu, die von Designern gegeben wurden, wobei das Wort Designer immer in breiter Entwurfstätigkeit wurzelt, nämlich Kunst, Architektur, Umwelt- und Ausstellungsgestaltung einschließend. Es ist hilfreich und nützlich, sich diese Definitionen im Hinblick auf ein solarökologisches Design anzueignen und zu überprüfen – auch als die Tradition des Neuen, die das Werden des Neuen bestärkt [Abb. 22].

In den dreißiger Jahren des 20. Jahrhunderts hat der 1926 in die USA emigrierte Friedrich Kiesler einen neuen Ansatz ins Design gebracht, den er Correalismus *(Design Correalism)* nennt. Er begründet ihn in Praxis und Theorie in dem Laboratorium für Design Correalismus, das er zwischen 1937 und 1941 an der New Yorker Columbia Universität leitete. Im Correalismus bündeln sich die geordneten Wechselbeziehungen von Energien *(coordinated correlation)* mit der Wirklichkeit der Erscheinung *(realism)*. Natürliche und künstlich geschaffene Objekte sind der Ort des Austauschs von integrativen und desintegrativen Kräften. Der sogenannten sichtbaren Realität muß die unsichtbare energetische Gestalt zugeordnet werden. In einem Typoskript Kieslers von 1938 – wie auch das später folgende Zitat dem Katalogbuch zur Kiesler-Ausstellung in Wien entnommen – heißt es: „Worin begründet sich für den Designer die Wirklichkeit? Wenn ein Gebäudekomplex nicht nur das ist, was er als geometrische Form darstellt, sondern das, was er ausstrahlt, so liegt die Realität in der Wechselwirkung natürlicher Kräfte, die der Designer zusätzlich in seinem künstlich technischen Produkt in eine neue Organisationsform gebracht hat. Diese Realität ist die wahre Wirklichkeit. Seine Objekte und ebenso jene der Natur sind Orte des Kräfteaustauschs."

Kiesler kommt, wie auch in anderen Prototypen des praxisgeborenen und praxisbezogenen Denkens, so nahe an heutige Wirklichkeiten, wie es überhaupt aus der Perspektive jener Zeit möglich war. Das sogenannte „Endlose Haus", an dem er bis zu seinem Tod 1965 anhand vieler größerer und kleinerer Modelle sowie Zeichnungen und Texten arbeitete, bezieht viele Gedankenhorizonte gegenwärtigen Sonnenlichteinsatzes ein. Man muß sich immer wieder in Erinnerung rufen, wie sehr aus der Kunst und Gestaltung heraus die gegenwärtigen Schritte in ein Solarzeitalter schon vorbedacht worden sind. Zwar will Kiesler, wie er sagt, die Sonne nicht einschalten, aber es besteht die Möglichkeit, „das Sonnenlicht durch eine Linse zu leiten, um es zu konzentrieren, und es dann durch einen Konvexspiegel als Reflexmittel zu senden, um es zu zerstreuen. Die Farbuhr des Endlosen Hauses ist für diesen Zweck entworfen und um gleichzeitig den Innenraum mit Farbe zu erfüllen und um den Bewohner den Lauf der Zeit organisch bewußt zu machen." Das greift Positionen einer solaren Kunst voraus, über die noch zu berichten sein wird.

Das Design der „Lebenden Maschinen"

Umweltorientierte, biomorphe Definitionen des Designs hat Victor Papanek vorgelegt, der jahrzehntelange Design-Praxis mit neuen Unterrichtsmodellen verbindet, die er in zahlreichen Entwicklungsländern durchführt. Aus seinem ursprünglich 1963–70 geschriebenen, später neu bearbeiteten und weltweit beachteten Buch *Design for the Real World:* „Alle Menschen sind Designer. Alles, was wir tun, fast die ganze Zeit lang, ist Design, denn Design liegt aller menschlichen Aktivität zugrunde. Das Planen und Zeichnen jeden Vorganges zu einem gewünschten, vorhersehbaren Ziel begründet einen Designprozeß.

Jeder Versuch, das Design abzutrennen, es zu einem reinen Objekt zu machen, arbeitet gegen die Tatsache, daß Design die erste grundlegende Matrix des Lebens ist. Design ist der bewußte und intuitive Versuch, bedeutungsvolle Ordnung aufzustellen.“ Wenn uns die industrielle Revolution, so meint Papanek, das mechanische Zeitalter mit einer verhältnismäßig statischen Technologie beweglicher Teile gab, wenn wir in den letzten hundert Jahren ein technologisches Zeitalter mit einer dynamischeren Technologie der Funktionsteile hatten, so treten wir jetzt ein in ein biomorphes Zeitalter mit einer sich entwikkelnden Technologie, die evolutionäre Veränderungen zuläßt.

Ein dritter Definitionsansatz stammt von Nancy, Jack und John Todd aus ihrem Buch *From Eco-Cities to Living Machines:* „Das Zusammenführen von Architektur, solaren, Wind-, biologischen und elektronischen Technologien mit Gebäude, Nahrungsproduktion, Abfallverwendung innerhalb eines ökologischen und kulturellen Kontextes wird die Grundlage dafür sein, eine neue Design-Wissenschaft für die Nach-Ölzeit zu schaffen.“ Und: „Wir verstehen darunter den Entwurf menschlicher Wohnformen, der Prinzipien einschließt, die der natürlichen Welt innewohnen, um menschliche Bevölkerung über einen langen Zeitraum hinweg aufrechtzuerhalten. Dieser Entwurf übernimmt die Weisheit und Strategien der natürlichen Welt für die menschlichen Probleme.“

Bereits die von beiden 1969 gegründete und geleitete *New Alchemy* arbeitet in ihrem Institut auf Cape Code, Massachusetts, mit einem biologisch ausgerichteten Design-Konzept auch in der praktischen Erprobung. Ab 1982 folgt das Experimentier-Institut *Ocean Arks International.* Solare Agrikulturanlagen werden in den Stadtraum zurückgebracht. Man geht daran, Vorschläge zu machen, wie beispielsweise alte städtische Warenhäuser und ungenützte Industrieanlagen in ökologisch ausgerichtete landwirtschaftliche Betriebe zu verwandeln wären. Der irrsinnige Energieverbrauch durch weite Anlieferungen von Nahrungsmitteln in die Stadt könnte vermindert werden. Solare Energien würden benützt für Temperaturregulierung von städtischen Fischfarmen. Für all das werden Prototypen errichtet und Erfahrungen eingeleitet, die den Begriff der Ökostadt zu „Lebenden Maschinen“ weiterführen. Eine Lebende Maschine, in der Toddschen Definition, ist ein Programm, aus lebenden Organismen aller Arten geformt, um von einem Gebäude aufgenommen zu werden. Wie bei der konventionellen Maschine arbeiten verschiedene Teile zusammen, um eine Aufgabe zu erfüllen. Lebende Maschinen können entworfen (= designed) werden, um Nahrung oder Antriebsenergie zu produzieren, um Abfälle zu behandeln, Luft zu reinigen, Klimata zu regulieren oder alles gleichzeitig. Ihre primäre Energie ist das Sonnenlicht. Die einzelnen Teile der Lebenden Maschine können aus allen Regionen des Planeten zusammenkommen und kombiniert werden. Im Grunde sind sie vergleichbar mit der biosphärischen Intelligenz eines Waldes oder Sees, auf menschliche Zwecke übertragen. Wie diese arbeiten sie hauptsächlich mit Sonnenenergie. Wie diese beruhen sie auf einem Prozeß des autonomen Designs, auf biologischer, organischer Vielfalt, um sich selbst wiederherzustellen, zu schützen und wirksam zu sein.

Solares Basis-Design

Auto mobil?

44 Tage im Jahr verbringt der Autofahrer in Bangkok mittlerweile im Stau; die Gesundheitskosten durch Luftverschmutzung in Mexiko-Stadt werden vom Worldwatch-Institut in Washington 1997 auf 2,5 Milliarden Mark jährlich geschätzt. In Deutschland erzeugt der Kraftfahrzeugverkehr 22 % der klimabelastenden CO_2-Ausstöße, verursacht Smog bis in die früheren Reinluftgebiete hinein. Man könnte mit diesen leider so realen Horrorszenarien seitenlang fortfahren; genauso, wie wir in unserer Alltagspraxis (Arbeit + Urlaub) mit den Belastungen per Flugzeug, Bus, PKW, Motorrad, Schiff weiterfahren. Jeder Design-Ansatz in Richtung Entlastung ist deshalb ebenso wichtig wie der politisch-gesellschaftliche Einsatz für neue umweltverträgliche Standards.

Dieser Einsatz wird gegenwärtig überwiegend von Kommunen, Ausbildungsinstitutionen, privaten Organisationen und Initiativen erbracht. Öffentlichkeitswirksam haben verschiedene Solarwettbewerbe für PKWs, Schiffe und Flugzeuge auf solare Alternativen für unsere Mobilität verwiesen und werden das weiterhin tun [Abb. 23]. So ist geplant, im Rahmen der Expo 2000 den 3. Europäischen Solarwagen-

Abb. 23 1987 gewann der mittlerweile legendäre *Sun Raycer* der General Motors Corporation die australische Solar-Ralley, ausgestattet mit 7200 Kalium-Arsenid-Solarzellen, die 1,6 kWp (etwa 2 PS) in Kombination mit einer Silberzink-Batterie lieferten. *(Foto: Archiv P. MacCready)*

Wettbewerb mit solarbetriebenen Fahrzeugen, Booten, Luftschiffen und Flugzeugen durchzuführen. Solarrennen begannen mit der *Tour de Sol* bereits 1985 in der Schweiz. Die Tour wurde nach den Worten des Gewinners von 1988 zum Katalysator der Idee für Solarmobile – man kann auch sagen ein Laboratorium für High-Tech-Solarfahrzeuge. In den USA wurde die erste *Sunrayce* 1990 durchgeführt und seit 1993 regelmäßig im Zweijahresrhythmus veranstaltet – jedesmal ein Festival von Tausenden von Studenten und vieler führender Ausbildungsinstitute. Da die Energiesysteme innerhalb der Ausschreibung begrenzt sind – Solarzellen nicht über 10 Dollar pro Watt, Solarmodule nicht größer als 8 m^2, Batterien nicht mehr als 140 kg –, konzentriert sich der Ehrgeiz hauptsächlich auf das Design der Solarautos. Im Endeffekt waren die Solarmobile so erfolgreich, daß sie Highway-Geschwindigkeiten mit der Energiemenge erreichten, die für einen Haarföhn nötig ist, und eine Strecke von 1850 km für das Energie-Äquivalent von 3,8 Litern Benzin fuhren. Der Synergie-Effekt solcher Wettbewerbe ist groß und hat Auswirkungen auf zahlreiche weitere Produkt- und Energiebereiche.

Solarmobile sind tauglich im Alltag, vor allem in den kürzeren Entfernungen, die den größten Teil der PKW-Bewegungen ausmachen. Ihre Bewegung beziehen sie aus erneuerbaren Energien, seien es reine Solartankstellen oder ein Energieangebot von Sonnen-, Wind-, Wasserkraft und Biomasse; es wird davon soviel ins Netz gegeben, wie für die Aufladung der Solarmobile benötigt wird. Neue Batterien wie das Zink-Luft-Batteriesystem haben eine hohe Energiedichte (150 Wh/kg) im Vergleich etwa zu den Nickel-Cadmium-Systemen (40–45 Wh/kg); damit wird die Leistungsfähigkeit beziehungsweise Reichweite der Fahrzeuge entschieden gesteigert.

Wenn Design auch die Lebensumstände, das Profil der Umwelt einschließt, ein Energie-Indikator sein kann, Formen aufschließt, die noch unbekannt, jedenfalls nicht verschlissen sind, dann sind diese solaren Mobile ein phantastischer Fundus an Innovation und Experimentation. In einer Gegenwart, in der jede industrielle Ware in Abhängigkeiten unzähliger Art zerfällt – das Benzin aus Nahost, die Hardware aus Europa, die Elektronik aus Fernost etc. –, bildet man

Abb. 24 Das Solarmobil der Hochschule für Kunst und Design Burg Giebichenstein, hier am Ziel der „Tour de Ru(h)r" 1995 an der FH Aachen, Abt. Jülich, wird mittlerweile in Kleinserienproduktion entwickelt. Leistung: 25 km/h; Preis: DM 12 000. *(Foto: J. Claus)*

hier energetisch autarke mobile Einheiten, die leichtfüßig, mit minimalisiertem Gewicht ihre Haut dem Licht zuwenden und, wenn das Licht nachläßt, ihre solare Auftankstelle anlaufen und die Insassen ohne gefährdende Auslassungen an Lärm, Blei, Kohlendioxyd und ähnlichem bewegen. Fast nur eine solare Haut, eine solare Membran: *Zero Emission.* Das Bild einer solaren Gesellschaft taucht für einen Augenblick am Horizont auf, die Utopie ortet sich. Vieles im Design der Solarmobile ist hybrid: nicht Fahrrad, nicht Auto, sondern dazwischen, auf neue, noch unverwirklichte Geräte verweisend, die keine bekannten industriellen Standards haben, sondern spielerisch mit Mobilität umgehen [Abb. 24].

Wir befinden uns in einem geschichtlichen Moment, in dem das solare Basisdesign eine vergleichsweise biomorphe Vielzahl von Lösungen anbietet. Fast wie die Pflanzen selbst, auf die sich ein nachhaltiger Blick lohnt: „Als Spätgeborene dieser Erde", schrieb Maurice Maeterlinck in einem Aufsatz über die Intelligenz der Blumen, „finden wir einfach wieder, was stets bestanden hat, und legen wie verwunderte Kinder den Weg, den das Leben schon vor uns gemacht hatte, noch einmal zurück. Überdies ist es sehr natürlich und tröstlich, daß es so ist." Die Pflanze, so Maeterlinck, erobert mit großem Erfindungsreichtum den Raum, gibt ein „wundersames Beispiel der Unbotmäßigkeit, des Mutes, der Beharrlichkeit und Empfindsamkeit. Daher die wunderbaren Systeme der Ausstreuung, Verbreitung und Beflügelung der Samenkörner, die wir allerorten in Wald und Flur finden. So, um nur einige der denkwürdigsten Beispiele zu streifen, die Luftschraube des Ahornsamens, die Flügelschraube der Linde, die Schwebevorrichtung der Distel, des Löwenzahns und des Bocksbartes, die knallenden Sprungfedern der Wolfsmilch, den außerordentlichen Spritzball der Spritzgurke, die Wollhäkchen der Eriophilen und abertausend andere unerwartete Mechanismen, die uns in Verwunderung setzen." So ungefähr erlebt man die Vielfalt der Konstruktionen bei Versammlungen von solaren Mobilen.

Anwendungsbeispiele: Venedig und Ostseeküste

Wem das Gesagte zu schwärmerisch ist, den mögen zwei Beispiele für die Anwendung der Solarenergie in Verbindung mit solarökologischem Design überzeugen: In Zusammenarbeit mit der Stadt Venedig und den dortigen öffentlichen Verkehrsbetrieben ACTV, gefördert von der EU-Kommission, wurde von Eurosolar 1994 eine Studie angefertigt, wie mit verändertem Design und unter Einsatz von Solar- und Windenergie der Bootsverkehr der Lagunenstadt besser und umweltschonender zu bewerkstelligen sei. Dieser Verkehr ist für Venedig einerseits lebensnotwendig, andererseits belastet er in seiner gegenwärtigen Form die Stadt durch Kohlenwasserstoff-Emissionen, Lärm, Vibrationen und Gebäudeschäden durch Wellenschlag.

Dabei ist der Verkehr auf dem Wasser so alt wie die Stadt, erstmals 697 wird die Gondel bei der Wahl des ersten Dogen erwähnt; luxuriöse Exzesse in der Gondelausstattung mußten im 16. Jahrhundert (es gab damals 10 000 davon in Venedig) beschränkt werden. „Das seltsame Fahrzeug“, beschreibt Thomas Mann die Fahrt Aschenbachs bei Ankunft in Venedig, „aus balladesken Zeiten ganz unverändert übernommen und so eigentümlich schwarz, wie sonst unter allen Dingen nur Särge es sind.“ Zu den Wasserfahrzeugen in Venedig gehören neben den Gondeln die Privatboote, Touristenboote/Vaporettos, Schnellboote für Ambulanz oder Feuerwehr, Wassertaxis, Lastkähne und Wasserbusse. Die ACTV betreiben inzwischen Wasserbusse mit effizientem

Rumpfdesign, was wenig Wellenschlag verursacht; 1989 wurde ein erstes Elektro-Vaporetto auf dem Canale Grande für drei Jahre in Betrieb genommen, dessen Bordbatterie mit 350 kWh allerdings dem täglichen Energiebedarf nicht gerecht werden konnte, wenn das Boot auch dreimal weniger Diesel und Energie verbrauchte als das herkömmliche Vaporetto.

Die Eurosolar-Studie verglich Sonneneinstrahlung, Windgeschwindigkeit in Venedig über einen Jahreszeitraum, um das Potential aus erneuerbaren Energien für den Bootsverkehr hochrechnen zu können. Die sozialen Vorteile eingeschlossen (also nicht nur die eigene Betriebsrentabilität), erwies sich für den Bootsbetrieb ein Energiemix aus Photovoltaik-Dach und Windenergie zusammen mit veränderten Designformen am vorteilhaftesten. Auch stationäre Photovoltaikanlagen wurden in Venedig für Parkplatz- und Bahnhofüberdachungen ausgemacht. Die größten Markthindernisse für die Einführung umweltschonender Boote sind nicht wirtschaftlicher oder technischer Natur, sondern liegen in den „kulturbedingten Erwartungshaltungen und fehlenden Vorschriften zugunsten geeigneter Bootsdesigns“, wie es in der Eurosolar-Studie heißt. Offenbar verhindert eine tradierte Kultur, Veränderungen so durchzuführen – daß kontrastierend mit der Gondel und ihren Assoziationen von Tod, Bahre, Begräbnis – für die Gegenwart eine solare Bootsflotte installiert wird, die dem Licht verbunden ist, der Wiedergeburt des Lichtes als Energie.

Ein zweites Beispiel für die denkbare Erneuerung einer Gegend durch Solarenergie und solarökologisches Design ist die Initiative „Solare Ostseeküste“, die 1997 zur lokalen Erprobung im Ostseebad Graal-Müritz von einer Initiativgruppe unter Federführung von Dr. Brigitte Schmidt, Triwalk bei Wismar, vorgeschlagen wurde. Danach würde die Ostseeküste durch richtungsweisende Prototypen von Solarmobilen entlastet; die solaren Anlagen in Mecklenburg-Vorpommern könnten nach Berechnungen effizient (etwa 150 Tage im Jahr), dem Saisonverlauf von Mai bis September entsprechend, eingesetzt werden. So sind zwei Solarmobile – der „Solarshuttle Minimeck“ und „Solarshuttle Meckmobil“ – zum Einsatz vorgesehen. Die Fahrzeuge werden im Netzverbund mit Stromerzeugung aus regenerativen Energien betrieben; ihr Verbrauch liegt bei etwa 100 Wh/km, ihre Reichweite bei ca. 120 km, eine optimierte Energiekapazität des Batteriesatzes (10–12 kWh) vorausgesetzt. Zusätzlich ist in Nähe der dortigen Seebrücke eine Solartankstelle als Carport mit einer Aufladeleistung pro Wagenstellplatz von 1 kWp geplant sowie photovoltaisch betriebene Beleuchtungsanlagen auf der Seebrücke selbst. Wichtig ist hier auch der Erfahrungsgewinn im Umgang mit Solarmobilen, der von den Besuchern gemacht werden kann. Diese Erholungslandschaft könnte zu einem Vorreiter des solaren, umweltentsprechenden Tourismus werden [Abb. 25].

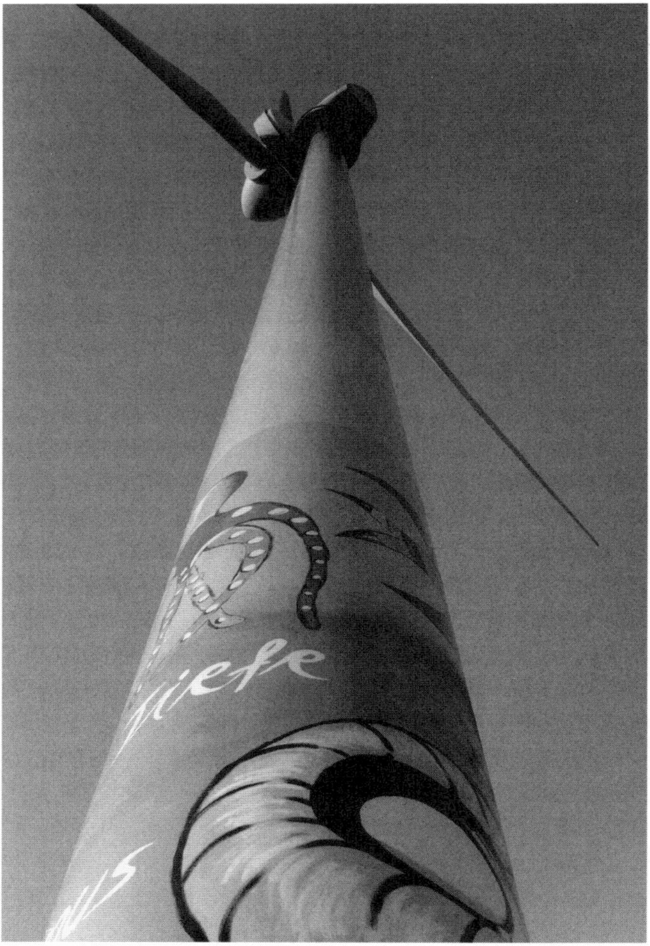

Abb. 25 Beispiel für sanfte Energiegewinnung in Verbindung mit künstlerischer Gestaltung ist der Windpark Lübow in Mecklenburg-Vorpommern mit vier bemalten Enercon-E-40-Windkraftanlagen. Hier ein Blick auf den Turm „Erhaltet die Meere“ von Jürgen Claus. *(Foto: J. Claus)*

Solarzellen-Entwürfe für morgen

„Das konkreteste Bild ist für mich heute ein Sonnenkollektor. Mit seinem Silizium-Zellen-Verband ist er logisch und schön zugleich. Ich erkläre dieses industrielle Produkt ausdrücklich zur konkreten Kunst."

Daniel Hausig, Künstler

Unterwegs in die Siliziumzeit

Die weitere Entwicklung der Solarzellen und -module ist wichtig, um effektivere Leistung, bessere Preise, vor allem aber eine variable Palette von Einsatzmöglichkeiten für Architekten, Designer, Gestalter und Künstler zu erreichen. Neben der Photovoltaik wird sich allerdings auch die hier nicht weiter behandelte Solarthermik entwickeln, die Sonnenlicht in Wärme-Energie und Strom wandelt, wobei Farm-, Turm- und Aufwindkraftwerke im Mittelpunkt stehen. Die Wandlung des Lichtes in Strom, also eine photoelektrische Wirkung, beobachtete 1839 der Franzose Alexandre Edmond Becquerel; 40 Jahre später entwarf Willough Smith eine erste Solarzelle aus Selen, deren Wirkungsgrad etwa 1 % betrug; die ab 1954 vorgestellte Siliziumzelle hatte schon 1957 einen Wirkungsgrad von 8 %. Das Silizium wurde im Chip zu einem Schlüsselmaterial der Informationstechnologien und andererseits in der Solarzelle zur Ausgangsposition der solaren Technologien.

„Kein Stoff, kein chemisches Element, keine Verbindung", schreibt der Physiker Hans Queisser, „ist uns heute bis in so feine Einzelheiten seiner Zusammensetzung, seines Atombaus im Kristall mit jeder noch so kleinen Abweichung der regelmäßigen Anordnung, seiner Reaktionen auf Licht, Magnetfelder, seiner Grenzflächen gegen verwandte Stoffe, seiner Fähigkeit zur Leitung elektrischen Stromes so genau bekannt. Darum also vermuten wir, daß es ein Silizium-Zeitalter wird." Silizium, also Kieselstein, entdeckt von Jöns Jakob Berzelius (1779–1848), macht etwa ein Viertel der Erdrinde aus, allerdings nicht in reiner Form, sondern als Quarz (Siliziumdioxid) und Silikat gebunden, unter anderem auch im Gerüstbau des Plankton – der größten Population unserer Erde [Abb. 26]. Das daraus gewonnene metallurgische Silizium, wovon weltweit eine halbe Million Tonnen jährlich hergestellt wird, hat eine Reinheit von 98 %; es wird bei der Stahl- und Aluminiumherstellung verwendet. Durch komplizierte chemische Prozesse wird es schließlich für den Einsatz in Elektronik und Solarzellen gereinigt und im Umfang von etwa 13 000 Tonnen beziehungsweise 1200 Tonnen produziert.

Hochreines Silizium leitet nicht, es wird deshalb ‚dotiert', leitend gemacht, konkret: In den Siliziumkristall fügt man ein Element mit fünf Valenz(=Wertigkeits)elektronen (etwa Phosphor) ein, wovon eines frei herumwandert und die Leitfähigkeit herstellt. In der Solarzelle trifft der negative Elektronenstrom durch den phosphordotierten Elektronenleiter auf den positiven Elektronenstrom, der durch die beispielsweise im Element Bor erzeugten

Abb. 26 Stützgerüste aus Siliziumdioxid besitzen die Radiolarien, die zur Gruppe des im Meeres schwimmenden Plankton zählen. Ihre Skelette fallen auf den Meeresboden und bilden dicke Schichten von Kieselgurerde, aus denen das Rohmaterial für Chips und Solarzellen gewonnen wird. *(Foto: Manfred Kage)*

freien Plätze oder Löcher verursacht wird. An den Grenzen zwischen beiden Schichten baut sich das elektrische Feld auf. Die Lichtphotonen, die in der Solarzelle absorbiert werden, besorgen das Spiel der Zusammenfügung der negativ geladenen Elektronen mit den positiv geladenen Löchern und führen sie zusammen. Von der Stärke der auftreffenden Photonen hängt die Höhe der erzeugten elektrischen Spannung und damit die Stromleistung der Solarzelle ab, die in kleinen Metallstegen weitergeleitet und vernetzt wird.

Der Leistung der Solarzellen, ihrem Design und Material sowie ihrer Materialkoppelung, ihrem Farbenspektrum und weiter der Addition von Solarzellen im Modul und dessen Gestaltung kommen größte Bedeutung zu, um die Breite des Angebotes in Gegenwart und Zukunft zu steigern. Heute wird erkannt, daß diese Aufgaben nicht nur technisch-wissenschaftlich angegangen werden können, sondern daß die Gestaltung, der Entwurf, das Design entscheidende Faktoren zur Weiterentwicklung sind. So wurde beispielsweise *Bimode,* ein EU-Projekt im Rahmen des Joule-Programmes „Nichtnukleare Energien" zur Entwicklung bi-funktionaler photovoltaischer Module zur Gebäude-Integration, also von Modulen höchster energetischer Leistungsfähigkeit und größter visueller Variationsbreite, 1997 zur gestalterischen Konzeption an die Kunsthochschule für Medien Köln gegeben. Durch den Forschungs-Zusammenschluß von Firmen wie BP Solar, dem größten Hersteller von Solarzellen und -modulen in Europa, Bayer Solar, einem wichtigen Produzenten der Solarzellen-Materialbasis, dessen neues Produktionszentrum mit 16 Millionen multikristallinen Zellen pro Jahr in Freiberg (Sachsen) gebaut wurde, mit Forschungs- und Ausbildungsinstituten wie dem spanischen *Instituto Solar Energia* in Madrid oder der erwähnten Kunsthochschule in Köln wird erstmalig ein europäisches Design-Team sich einer solchen integrativen, innovativen Aufgabe stellen. Abgesehen von der gestalterisch-architektonischen und umwelt-

Abb. 27 Bei dieser Pilotanlage der Fa. Flagsol werden photovoltaische Fassadenelemente hergestellt; der Scheibenzwischenraum wird mit hochtransparentem Gießharz gefüllt. *(Foto: Flagsol)*

schonenden Dimension liegt die wirtschaftliche Bedeutung dabei in einem wachsenden Markt für photovoltaische Gebäudefassaden, der für das Jahr 2005 auf eine Energieleistung von 50 MWp pro Jahr geschätzt wird [Abb. 27].

Solarzellen-Variationen

Spricht man von der Solarzelle, so sind damit häufig vom Material her unterschiedliche Energieproduzenten gemeint. Kristalline Zellen aus Silizium beruhen auf einer Struktur regulärer Kristallgitter, sind ein indirekter Halbleiter, im Unterschied zu den amorphen Zellen, die fünfzigmal soviel Licht aufnehmen können und als direkte Halbleiter bezeichnet werden. Deshalb planen beziehungsweise bauen nach dem Stand von 1997 US-amerikanische und japanische Firmen große Fabrikationsstätten: Solarex, Canon, Sanyo für 10 MW, United Solar für 5 MW, Fuji für 1 MW. Der langfristig angestrebte Wirkungsgrad der amorphen Zellenschicht liegt bei 10%. Monokristalline Solarzellen sind aus einem einzigen Kristall geformt, haben einen Wirkungsgrad von 11–14 %, werden aber wegen des hohen Herstellungspreises vorwiegend nur in der Raumfahrt eingesetzt. Zukunftsweisender sind die poly- oder multikristallinen Zellen, die in der Herstellung etwa ein Zehntel billiger sind als die Einkristaller, da sie nicht deren Reinheitsgrad erreichen müssen. Sie machen heute schon einen Anteil am Solarzellen-Weltmarkt von 25 % aus.

Die künstlerische und architektonische Gestaltung mit der Sonne würde einen Auftrieb erhalten, wenn die Versprechungen für neue Dünnschicht-Solarzellen eingelöst würden. Hierzu liegen Lösungen ‚kurz vor dem Durchbruch' bzw. noch in den Forschungslabors. Bei den Dünnschichtzellen werden die Halbleiterelemente in tausendstel Millimeter dünnen Lagen auf eine Glasplatte gedampft. Bekannt wurden die Farbstoff-Dünnzellen, die der Chemiker Michael Grätzel an der ETH Lausanne entwickelt hat. Ein Farbstoff (eine Ruthenium-Verbindung) verwandelt das Sonnenlicht in elektrische Energie, wie das Chlorophyll der Pflanze für die Photosynthese verantwortlich ist. Die durch den Farbstoff bei

Lichteinfall freigesetzten Elektronen werden in den Halbleitern (Titandioxid) gesammelt, die zusammen mit einer leitenden Flüssigkeit und einem Metallfilm zwischen zwei Glasplatten angebracht sind. Im Prüfstadium befinden sich die Dünnschichtzellen aus Kupfer-Indium-Diselenid (CIS), die um die Mitte der neunziger Jahre eine den reinen Siliziumkristallen vergleichbare Energieleistung brachten. Fortschritte sind auch bei den sogenannten Tandemzellen zu erwarten, wobei zwei Dünnschicht-Solarzellen mit jeweils unterschiedlicher Ernte aus den Wellenlängen des Lichtspektrums gekoppelt werden. Hierbei wurden die besten Ergebnisse aus dem Material Gallium-Arsenid gewonnen.

Erforschung, Technik und Design der Solarzellen sind ein zentraler Teil dessen, was unter „Kulturelement Sonne" als Schritt in ein solares Zeitalter verstanden wird. Der Entwurf verbindet sich wiederum mit natürlichen Systemen. Helmut Tributsch, der sich im Gespräch über synergetische Prozesse bei der Solarzellenforschung geäußert hat (S. 38 ff,), faßt das in einem Aufsatz über die Bionik solarer Energiesysteme folgendermaßen zusammen: „Im Kielwasser bionischer Forschung haben wir die Gelegenheit, Millionen von Jahren biologischer Evolution für die Wissenschaft und Technologie zu raffen, um auf Gebieten aufzuholen, die für das Überleben der Menschheit immer relevanter werden. Die Bionik solarer Energiesysteme könnte noch einen weiteren wichtigen Zweck erfüllen: Anhand bionischer Forschung werden auch die Verfechter ‚harter Energietechnologien' für die Menschheit langsam erkennen müssen, daß unsere gegenwärtig angewandte Solartechnologie noch immer mehr als rudimentär ist und es verdienen würde, mit Nachdruck weiterentwikkelt zu werden. Sie werden auch eher begreifen, warum die Entwicklung einer nachhaltigen Energieversorgung auf hohem Niveau für die Menschheit eine Frage des Überlebens darstellt."

Fliegen mit der Sonne

Elementares Fliegen

> *„Ich habe immer das Gefühl gehabt, daß solche Wirkungen, die vom Zeppelin-Luftschiff ausgingen, zu einem großen Teil auf ästhetischen Empfindungen beruhten."*
>
> (Hugo Eckener, Die Kunst des Fliegens, Friedrichshafen 1996)

Die eigentlichen Solarflugzeuge, über die noch zu sprechen sein wird, sind Teil jener Familie von Flugobjekten, die sich unmittelbar elementaren Klimabedingungen wie den Windströmungen aussetzen. Flugobjekte wie Ballons und Drachen, dem Vogel- und Zeppelinflug ähnliche Konstruktionen, üben – so veraltert sie technisch sein mögen – eine gleichbleibende Anziehungskraft auf Künstler und Designer, Erfinder, Techniker und Sportler aus.

Es ließe sich eine von der musealen Kunstgeschichte abweichende Subgeschichte der Kunst ab etwa 1850 schreiben, die beispielsweise zu den Flugobjekten des Schweizer Malers Arnold Böcklin (1827–1901) führt. Er hatte sich bereits um 1855 in Rom dazu geäußert, wie ein Ballon einen Flugapparat in die Höhe tragen könnte, der selbständig weiterflöge. Bis zu seinem Lebensende ging Böcklin von einem Flugapparat aus, der sich nach dem Vorbild der Vögel richtet, also bewegte Flügel hat. In zahlreichen Aufsätzen studierte er den Vogelflug und baute vorwiegend in seinen italienischen Jahren ab 1880 mit Freunden an Prototypen, die er auch zu fliegen versuchte, allerdings verbunden mit vielen Rückschlägen.

Böcklin entschied sich dafür, statt einer Flugfläche mehrere übereinander gelagerte Flächen zu bauen. Es entstand eine Art Kastendrachen, zwischen dessen beiden Flügeln der Mensch Platz haben sollte. Die Flügel bestanden aus drei übereinander in gleichen Abständen angeordneten Flächen. In der Gondel waren Walzen mit Hebelgriffen befestigt, durch die der Schwanz sowohl auf- und abwärts bewegt als auch seitlich zu der horizontalen Ebene geneigt werden konnte.

Später suchte Böcklin in Berlin mit der dortigen „Luftschifferabteilung", die aus einem Eisenbahnregiment hervorgangen war, die fachliche Diskussion. Die Vorstellung, den Flugapparat allein mit dem Wind von einer Höhe aus zu starten, hatte er schließlich um einen Antriebsmotor ergänzt, der allerdings ebenfalls von einem oder zwei Piloten zu bedienen gewesen wäre. Immer wieder setzte Böcklin zu geplanten Testflügen an, die aber allesamt scheiterten. Scheitern im Sinne des praktischen Erfolges.

1889 veröffentlichte Otto Lilienthal (1848–1896) die zusammen mit seinem Bruder Gustav Lilienthal (1849–1933) ausgeführten Flugversuche unter dem Titel „Der Vogelflug“, dem bedeutendsten flugtechnischen Buch des 19. Jahrhunderts. Böcklin hatte den Flugpionier noch kurz vor dessen Tode im Juli 1894 am Fliegeberg besucht. Nur 12 Jahre nach dem Absturz von Otto Lilienthal im August 1896 als Folge einer sogenannten Sonnenbö (einer Turbulenz auf engstem Raum) fliegen 1908 die Brüder Wright, Wilbur in Frankreich und Orville in den Vereinigten Staaten öffentliche Schauflüge mit Maschinen schwerer als Luft, überfliegt zum ersten Mal Bleriot 1909 den Ärmelkanal mit einem motorbetriebenen Flugzeug.

Was das alles für den Bewußtseinswandel bedeutet, hat Felix Philipp Ingold in seinem Buch „Literatur und Aviatik“ zusammengefaßt: „Das tellurische wurde vom planetarischen Bewußtsein abgelöst: Der Mensch, der sich nun, mit Hilfe des lenkbaren Fluggeräts, von der Erde abheben, sich in der Luft aufhalten und frei bewegen konnte, geriet unversehens in eine real-aktive, aber auch exzentrisch-relativistische Beziehung vom Kosmos zu Raum und Zeit.“ In der gleichen Zeit haben Literatur und Kunst, „ohne bloß zu widerspiegeln oder gestalterisch nachzuvollziehen, was zuvor von Wissenschaftlern erkannt, von Technikern erprobt worden war – einen revolutionären Paradigmenwechsel vorgenommen, ihre eigene Entwicklungsrichtung, ihre

Ausdrucksmöglichkeiten radikal geändert und stark erweitert".

In der Geschichte der Kunst und der Gestaltung liegen gelegentlich Knotenpunkte verborgen, die den Zeitgenossen nicht vertraut sind, kaum an die Oberfläche kommen, die aber etwas, manchmal auch viel vom Basisbewußtsein einer Zeit enthüllen. Wladimir Tatlin (1885–1953) war solch ein Künstler, „Dichter der Truppe der Sonnen-Fänger", wie ihn sein russischer Freund Welimir Chlebnikow nannte. Zwischen den späten zwanziger und frühen dreißiger Jahren des 20. Jahrhunderts expandierte die industrielle sowjetische Luftfahrt; andererseits wurden dort allein zwischen 1931 und 1933 etwa 46 verschiedene Gleiter hergestellt. Diesen Hintergrund muß man wissen, um Tatlins Entwürfe eines Flugapparates, die in die Jahre ab 1929 fallen, einzuordnen. Er sucht sich das Flugzeug, „Letatlin" genannt, aus, „weil es die komplizierteste dynamische und materielle Form darstellt, die für die russische Bevölkerung ein täglicher Gebrauchsgegenstand werden kann", wie er selbst 1932 in einem Text „Kunst mündet aus in Technik" schreibt. Der Apparat sieht vor, daß ein darin liegender Pilot den Antrieb über Schwingflügel ausführt. Zugrunde liegt dem Konstruktionsprinzip die Beobachtung des Vogel-, speziell des Kranichfluges. Zeitgenössische Fotografien zeigen den Reiz der bespannten wie unbespannten Modelle, die stets die organische Form herausarbeiten. Tatlin will dem Menschen das Gefühl vom Fliegen wiedergeben, wie es das mechanische Fliegen im Flugzeug nicht vermittelt, und zwar in der Überzeugung, daß bei Konstruktionen wie dem Flugapparat die Kunst unter Einbeziehung organischer Grundlagen in Technik mündet.

Die Entwicklung der Solarflugzeuge

1959 kündigte der britische Industrielle Henry Kremer einen hochdotierten Preis für denjenigen an, der mit einem motorlosen, nur mit körperlicher Kraft sich bewegenden Flugzeug eine Schleife in Form einer Acht um zwei Säulen fliegt, die eine halbe Meile auseinander stehen. Die Herausforderung war, eine neue Art Flugzeug zu bauen, dessen Design auf superleichten Strukturen basiert. 1976 entschloß sich der Amerikaner Paul MacCready, diese Aufgabe anzugehen. Er hatte zu dem Zeitpunkt intensive praktische und theoretische Erfahrungen mit Segelflugzeugen – er war unter anderem 1956 Segelflug-Weltmeister geworden – und Hanggelidern. Seine *Gossamer Condor,* heute im National Air and Space Museum in Washington ausgestellt, gewann am 23. August 1977 den 1. Kremer-Preis. Die Condor-Struktur bestand aus sechs Stäben und 22 Klavierdrähten, die alles untereinander verbanden. Die Spannweite der Flügel war weiter als bei einer DC-9, etwa 30 m; trotzdem betrug das Gewicht nur etwa 40 kg. Das Material war ultraleicht (Karton, Balsaholz, Styropor etc.) und billig, was es dem Flugzeugentwerfer erlaubte, nach jedem Crash schnell und kostensparend Reparaturen vorzunehmen.

Henry Kremer schrieb nach diesem Erfolg einen weiteren Preis aus, dotiert mit 100 000 britischen

Pfund, dessen Ziel es war, den Kanal zwischen Frankreich und Großbritannien allein mit menschlicher Kraft zu überqueren. Die *Gossamer Albatross,* an der Paul MacCready mit seinem Team arbeitete, verfolgte ein Design mit ausgesuchteren Materialien, die vorwiegend vom Sponsor, der DuPont Company, zur Verfügung gestellt wurden. Die *Albatross* wog, bei gleicher Flügelspannweite wie das Vorläufer-Modell, nochmals 5 kg weniger. Die Wetterbedingungen beim entscheidenden Rekordversuch waren alles andere als günstig. Trotzdem erreichte Pilot Brian Allen, der schon die *Condor* geflogen hatte, am 12. Juni 1979, zwei Stunden und 49 Minuten nach dem Start im englischen Folkstone, die französische Küste bei Cap Gris Nez. Paul MacCready war seinem erklärten Ziel, mehr mit viel weniger zu tun *(„Doing more with much less")* einen großen Schritt näher gekommen.

Mit dem *Gossamer Penguin,* einer Dreiviertel-Version der *Albatross,* definierte er nunmehr zum ersten Mal die Möglichkeit eines solarbetriebenen Leichtbauflugzeuges. Zwei senkrecht nach oben geführte Stangen hielten zwei Solarpaneele. Das ermöglichte es, einen kleinen Motor zu betreiben, mit dessen Hilfe die Pilotin Janice Brown das Flugzeug am 7. August 1980 zwei Meilen steuerte. Danach wurde mit Unterstützung der NASA und wiederum der DuPont Company ein erstes ganz solarbetriebenes Flugzeug, die *Solar Challenger,* entworfen und ausgeführt, wobei die flach gestalteten Flügel von ca. 14 m Länge und die horizontalen Stabilisierungsflügel mit insgesamt über 16 000 Sectrolab Solarzellen belegt waren, die etwa 3000 Watt Strom lieferten. Das

Abb. 28 Im National Air and Space Museum in Washington befindet sich heute Paul MacCreadys erstes ganz solarbetriebenes Flugzeug *Solar Challenger* von 1981, dessen Flügel von ca. 14 m Länge wie auch die horizontalen Stabilisierungsflügel mit über 16 000 Solarzellen belegt sind, die etwa 3 kW Strom lieferten. *(Foto: Archiv P. MacCready)*

ergab einen solaren Antrieb von umgesetzt etwa vier PS, womit die *Solar Challenger* im Juli 1981 mit 43 m.p.h. die 163 Meilen von Paris zu einem Flughafen bei Canterbury in England geflogen wurde [Abb. 28].

Mittlerweile hatte MacCreadys Firma AeroVironment im kalifornischen Monrovia mit ihren Designern, Forschern, Technikern ein weltweit führendes Know-how im Solarflug gewonnen, das 1993 in den Erstflug des unbemannten Solarfliegers *Pathfinder* mündete. Ziel des Designers Ray Morgan war es, das Flugzeug „dauerhaft“ in der Luft zu halten, wobei die Hälfte der solar eingenommenen Energie für die Nacht verbraucht würde. Dafür ließ sich nicht einfach die Form der *Solar Challenger* vergrößern, da in dem Fall auch die internen Strukturen an Gewicht zunehmen würden. So entwarf er die Form eines Riesenflügels von über 30 m Länge und ca. 2,5 m Breite, an dem acht Propeller-Einheiten befestigt sind, die jeweils nur etwa 6,5 kg wiegen. *Pathfinder* ist aus Epoxy-Kohlefaserstoff gefertigt, dazu kommt aufgeschäumter Kunststoff, der mit einem reißfesten Material beschichtet ist. Die 1,5-PS-Motoren ihrerseits wurden aus dem Design des solaren Elektroautos *GM Sunraycer*, 1987, entwickelt. *Pathfinder* fiel später einem Sturm am Boden zum Opfer, was MacCready am Weitermachen nicht hinderte, so daß eine neue Version 1996 Testflüge unternahm. Für 1997 soll mit dem von der NASA finanzierten Solarflugzeug eine Flughöhe von 21 000 Metern erreicht werden. Später wird das ferngesteuerte Solarflugzeug in 11 000 Meter Höhe fliegen, bestückt mit Kameras und Sensoren, die die Erdatmosphäre beobachten.

Bis zum Jahr 2001 soll ein größeres Nachfolgemodell zwei bis drei Monate ununterbrochen fliegen können, was eine Veränderung in der Leistungsfähigkeit der Batterien bedeutet. Paul MacCready macht in Theorie und Praxis darauf aufmerksam, daß die Aufgabe nicht nur in der Kompression der Daten sowie deren weltweiter interaktiver Vernetzung liegt, sondern daß es eine gleichwertige Herausforderung gibt, die den Transport, die Nahrung und das Wohnproblem betrifft. Dazu müssen wir Weisheit und Vorhersicht entwickeln, was eben nicht dem Computer, sondern menschlicher Geisteskapazität entspringt. Grundlage dazu ist die Forderung nach einem solarökologischen Design, das eine kritische, erfinderische Überprüfung von neuen Materialien und Energien einschließt.

In Erinnerung an Albrecht Ludwig Berblinger, den „Schneider von Ulm", und seinen Flugversuch 1811 hatte Ulm im Sommer 1996 einen Solarflugzeug-Wettbewerb Berblinger '96 ausgerufen. Der Wettbewerb, 1986 gegründet und seitdem im Rhythmus von einigen Jahren für Innovationen auf dem Luftfahrt-Sektor ausgeschrieben, war damit erstmalig auf ein Flugzeug fixiert, das, ausschließlich mit Solarenergie betrieben, den eigenen Start vollziehen, einen Piloten tragen sowie für die Praxis zugelassen sein sollte. Der Preis ging an den Solarflieger „Icaré", dessen Name aus der griechischen Sagengestalt Icarus und Ré, dem ägyptischen Sonnengott, gebildet und ein Produkt des Fachbereichs Luft- und Raumfahrttechnik der Universität Stuttgart ist. „Icaré" – von 33 Studierenden unter Leitung von Rudolf Voit-Nitschmann in einem Zeitraum von zwei Jahren mitentworfen, mitberechnet, mitgebaut – schafft mit Hilfe der auf den Tragflächen und dem Höhenruder befestigten 2000 Solarzellen, einen 16 PS starken Motor am Heck zu betreiben, der über einen Propeller den autarken Start und Fluggeschwindigkeiten bis zu 120 km/h ermöglicht.

„Icaré" lehnt sich, im Unterschied zu „Solair II" des deutschen Solarflugpioniers Günter Rochelt, in der Flugzeugtechnik an den Segelflugzeugbau an. Rochelt seinerseits hatte einen neuen Systemaufbau und ein neues Konzept unter anderem mit einer Ultra-Leichtkonstruktion und einem V-förmigen Heckleitwerk verfolgt. Die am Leitwerk angebrachten 4-PS-Elektromotoren, von 4000 Silizium-Solarzellen auf den insgesamt 20 Meter langen Flügeln mit Energie versorgt, betreiben zwei Propeller. Die Geschwindigkeit ist ebenfalls für 120 km/h ausgelegt. (Im Wettbewerb in Ulm startete „Solair II" aber nicht.)

Mit „Solair I" hatte Rochelt im gleichen Jahr 1980, in dem auch MacCready mit seinem Solarflieger gestartet war, Erfolg gehabt. Das 120 kg leichte Flugzeug aus Faserverbund-Werkstoffen, heute im Münchener Deutschen Museum ausgestellt, bezog die 2,2 kW Leistung, mit der es in den achtziger Jahren den Dauerflug-Weltrekord von sechs Stunden schaffte, aus 2499 Solarzellen, eine frühe experimentelle, in Europa von niemandem übertroffene Konzeption im Leichtbau; Erfahrungen, die Rochelt auch bei den muskelkraftbetriebenen Flugzeugen „Musculair" I und II umsetzte.

Vorläufiges Resümee: Da fliegen einige sehr wenige Besessene gegen den allgemeinen Trend, sich in die Riesen der Luftfahrt zu setzen, sich schnell und energiefressend, den Planeten unwiderruflich belastend, Schutzschilde zerstörend von hier nach dort fliegen zu lassen. Können Solarflieger in ihren Flugobjekten mehr, als nur vereinzelt Notizen in der Fachpresse initiieren? Offenbar ist auch hierbei der Symbolwert höher anzusetzen als der Gebrauchswert: das Symbol eines mit Licht und seiner Energie fliegenden Gerätes, das an uralte Mythen anknüpft und mit Organotechniken Solarweisen von morgen eröffnet.

Solarzeppeline und Wasserstoff-Flugzeuge

Eine weitere Entwicklung vollzieht sich vom solarbetriebenen Flugzeug zum Zeppelin mit solarer Unterstützung. Erste Versuche mit solarbetriebenen Pralluftschiffen (ohne festes Innengerüst) wurden ab 1992 der deutschen Öffentlichkeit in Form eines „Solarluftbootes" vorgestellt, entwickelt am Institut für Statik und Dynamik (ISD) der Luft- und Raumfahrtkonstruktionen der Universität Stuttgart. Zur Internationalen Gartenbauausstellung der Stadt Stuttgart wurde das Solarluftschiff „Lotte" vorgestellt, dessen dritte Version 1994 den Erstflug unternahm und mittlerweile für Luftschadstoffmessungen, Fernsehübertragungen, Werbung eingesetzt wird. „Lotte", 16 m lang, 4 m Durchmesser, erreicht durch die aufgetragenen Solarzellen eine maximale Leistung von 1 kW, kann ferngesteuert bis zu einer Höhe von 1000 m fliegen mit einer Höchstgeschwindigkeit von 45 km/h.

Zukunftsweisender wäre die Integration von Solarzellen an dem neuen „Zeppelin NT" (Neue Technologie), der wie der alte Zeppelin ein Starrluftschiff mit festem Innengerüst ist. Der neue Zeppelin, in Friedrichshafen von einem Team um den Chefkonstrukteur Klaus Hagenlocher entwickelt, hat eine gegenüber den alten Zeppelinen stark vereinfachte Trägerstruktur in Form eines dreieckigen räumlichen Fachwerks, das u. a. aus Kohlefaserverbundstoffen,

Kevlar und Aluminiumrohren besteht und damit viel weniger Gewicht aufweist als die frühere Aluminium-Trägerstruktur. Der erste Zeppelin der neuen Generation „N 07“ (Neu 7000 m^3), als Prototyp 1997 erprobt, kostet zwischen 11 und 12 Millionen DM, bietet in seiner Gondel Platz für zwei Piloten und zwölf Passagiere, ist mit nichtbrennbarem Helium gefüllt und wird von drei 200-PS-Motoren mit schwenkbaren Propellern auf eine Reisegeschwindigkeit von etwa 100 km/h gebracht.

Erwähnt werden soll abschließend noch, daß gegenwärtig Forschungen im Gang sind, auch Flugzeuge mit umweltverträglichem Wasserstoffantrieb zu entwerfen. 1996 wurde das Projekt „Cryoplane-Wasserstoff in der Luftfahrt“ erstmalig von der Daimler-Benz Aerospace AG öffentlich vorgestellt. Dabei entfällt das umweltbelastende Kohlendioxid ganz. Die Gründe, die für ein Umsteuern vom jetzigen Kerosin-Verbrennen im Flugverkehr zu einer mit Hilfe regenerativer Energien erzeugten Wasserstoffverbrennung sprechen, was überdies hohen Sicherheits-Standards gerecht würde, sind vielfältig und fast zwingend. Dafür spricht die zu erwartende Verdoppelung des internationalen Flugverkehrs in den nächsten 20 Jahren trotz auslaufender fossiler Energiereserven und zunehmender Umweltbelastung. Gegenwärtig verursacht das Verbrennen einer Tonne Kerosin 3,2 t CO_2 (Großflugzeuge verbrauchen zwischen 4 und 20 t Treibstoff pro Stunde). Oder anders gerechnet: Täglich produziert eine Flotte von 11 200 Passagierflugzeugen etwa 4000 t Stickoxide und etwa 933 000 t Kohlendioxid, also fast eine Million Tonnen. Jährlich steigen die Kohlenstoffemissionen. Allein 1996 waren das 6,25 Milliarden Tonnen, wie das Worldwatch-Institut errechnete – wobei knapp 500 Millionen Fahrzeuge weltweit die Hauptverursacher sind. Dem steigenden CO_2-Gehalt in der Atmosphäre – Langzeitwirkung über 100 Jahre! – würde eine Verbrennung von Flüssigwasserstoff (LH_2) entgegenwirken.

Erforderlich für ein Umsteuern sind neue oder veränderte Flugzeugkonfigurationen, kugel- oder zylinderförmige große neue Tanksysteme, neue Infrastrukturen an den Flughäfen und eine erhöhte Produktion von Wasserstoff aus erneuerbaren Energien. Der europäischen Herstellung nach dem Stand des Jahres 1996 von täglich 19 t (USA: 170 t) würde ein Bedarf von zunächst täglich 6000 t gegenüberstehen. Ein vollständig umgestellter Flugverkehr innerhalb Europas würde ca. 30 000 t täglich erfordern. Die vielzitierte Innovation könnte sich hier entfalten, die Arbeit zielt auf Zukunft mit einem hohen Umwelt- und Technologie-Standard. Die grundsätzliche Machbarkeit wurde bereits 1988 durch den wasserstoffbetriebenen Flug einer Tupolev Tu 155 bewiesen; eine deutsch-russische Studie von 1990–1993 bestätigte ihre Realisierbarkeit. Ein Demonstrationsflugzeug soll auf der Basis des Typs Dornier 328 entstehen mit einer Reichweite von 1000 km, einer Reisegeschwindigkeit von 570 km/h und 30 Sitzen. Die Serienfertigung eines LH_2-Flugzeuges könnte laut DASA um 2010 beginnen.

Design Raumschiff Erde – Buckminster Fullers Einstieg in die Klimakontrolle

Die Renaissance des Universalisten

Der Designer, Architekt, Philosoph Richard Buckminster Fuller (1895–1983), der die Hörsäle mit Tausenden Zuhörern füllte und fünf bis sieben Stunden mit einer Sprechgeschwindigkeit von 7000 Worten pro Stunde in Atem hielt, konnte auch abweisend sein: „Ich habe kein Verlangen, frühreife Babys der industriellen Technologie zu entwickeln." Sechs Wochen vor seinem Tod schrieb er im Hospital in Los Angeles sein philosophisches Testament. Überzeugt wie er war, daß Leben unzerstörbar als Gesamtphänomen im Universum vorhanden ist, suchte er die Erklärung dafür in einer auf Energie bezogenen Ökonomie der Materieanordnung. Man mag das heute belächeln: Hier vermittelte jemand, der den Dingen auf den Grund gegangen war, Hoffnung, indem er Utopie präzisierte und als machbar aufzeigte.

Seine Sprache, im Stakkato herausgeschleudert oder über endlose Publikationen verbreitet, ist ein Monolog, der sich unmittelbar an Adressaten wendet, dann wieder Blöcke des kaum Nachvollziehbaren skizziert, Tabellen und Umfragen auflistet, Sätze zu kumulativen Behauptungen mißbraucht, plötzlich kristallkar wird, um nicht zu sagen poetisch. „Für Bucky ist zum Beispiel Einsteins $E=mc^2$ reine poetische Schönheit", schreibt Amei Wallach in der Einführung zu Fullers mit eigenen Lithographien illustrierten Buch „Tetrascroll". Mit dieser Sprache hat Richard Buckminster Fuller jahrzehntelang Hunderttausende in seinen Bann gezogen, dies aber nicht in einem Vakuum von Ideen, sondern auf der Grundlage von eigenen Entwurfsgegenständen überprüft, die sich zwischen Architektur, Klimakontrolle, Kartographie und Design bewegen. Und heute? Kann man von einer Wiederauferstehung der Design-Wissenschaft Buckminster Fullers sprechen? An welchen Beispielen läßt sich eine solche Behauptung belegen?

Das Raumschiff Erde – revisited

Was „Bucky", wie Fuller genannt wurde, mit der Metapher vom Raumschiff Erde propagiert, ist der Hinweis auf eine regenerative Situation der Erde, der aller Reichtum zur Verfügung steht. In dieser Situation müssen wir uns von den falschen Vorstellungen lösen. So zählen die Begriffe von oben und unten im planetaren Maßstab überhaupt nicht. Dagegen müssen sich die Parallelen von mikro- und makrokosmischen Phänomenen einprägen. Auf einem Raumschiff zu leben, hieß für Fuller, ein Raumschiff-Bewußtsein zu entwickeln. Nicht die Politiker hielt er für entscheidend, um Zukunft zu gestalten, sondern die jungen, aus einer Design-Revolution hervorgegangenen Studenten. So sah er in den Universitäten die neue Hauptindustrie der Menschheit, wobei für ihn Industrialisierung ein externes Gegenstück zum inneren metabolischen Organismus des Menschen ist.

Heute braucht der Mensch im Bewußtsein seiner kosmischen Situation und im Unterschied zu dem Verhalten früherer Generationen ein *Operating Manual,* eine Bedienungsanleitung. Deren Inhalte machen Buckys Planungsprogramm aus; er plädiert für sinnvolle Wohlstandsproduktion, für die Möglichkeit, alle Insassen im Raumschiff Erde mit ausreichenden materiellen und intellektuellen Ressourcen zu versorgen. Die drei Hauptkomponenten dazu sind einmal intellektuelles Know-how und zweimal Energiekomponenten: Energie als Materie und Energie als Strahlung. Wenn Energie nicht verlorengeht, bleibt der Energieinhalt des Wohlstands unerschöpflich. Das intellektuelle Know-how gewinnt in jedem Fall, sei es durch Erfolg oder Mißerfolg.

In bezug auf die Energieübertragung von der Sonne auf unser irdisches biologisches Leben, also auf unser biosphärisches Weltbild, sieht Fuller eine „bedeutungsvolle Kommunikation, mit der die Metaphysik die Physik beherrscht, indem sie (wie die Bundesbank) dem allgegenwärtigen, kosmischen Umwandlungs- und Wechselwirkungssystem komplexe, codierte ‚Quantenwährung' entzieht und wieder in Umlauf setzt". Was er in „Tetrascroll" beschreibt, findet heute bei den Menschen, die auf *sustainabilty,* Dauerhaftigkeit, setzen, wieder Gehör. Sonne, aber auch Wind und andere regenerative „Arbeitsmittel" des all-regenerativen Universums, bleiben die einzig gültigen Energiewährungen.

Immer geht es Fuller in seinen Projekten um die Position des Menschen im Universum. Hier sollte der Ausgang unseres Denkens liegen: „Wenn es wahr ist“, schreibt er in „Aussichten der Menschheit 1965–1985“, „daß das größere Denken auf die Dauer das effektivere ist, müssen wir fragen: ‚Wie groß können wir denken?‘ Wenn wir etwas erreichen wollen, dann müssen wir versuchen, auf die zugleich großzügigste und minutiös-schärfste Art zu denken, die uns der Intellekt und die bisher aus Erfahrung gewonnene Information möglich machen. Wenn wir mit dem Universum anfangen, könnten wir automatisch der Gefahr entgehen, irgendwelche strategisch entscheidenden Variablen zu vergessen.“

Während seit Einstein das physische Universum definiert wurde, gilt das nicht für das metaphysische. Da will Fuller weitergehen und das metaphysische Verhalten des Menschen als Teil des Universums wissenschaftlich begründen. Alle Energieereignisse – alle menschlichen Handlungen und Überlegungen eingeschlossen – werden im Akt des Entwurfes zu unserem Vorteil hin organisiert als *comprehensive design*. Für diese Entwurfstätigkeit bedient er sich eines am Tetraeder ausgerichteten Systems. Im Tetraeder, einem der fünf Platonischen Körper, fand er den kleinsten gemeinsamen rationalen Nenner des Universums. Sein posthum 1992 erschienenes Buch *Cosmography* dreht sich im wesentlichen darum. Das leistungsfähigste konstruktive Kräftenetz ergibt sich für ihn aus der Kombination von Tetraeder und Kugel im Ikosaeder, einem weiterentwickelten Tetraedersatz, dessen Ecken in der Kugeloberfläche liegen. Die geodätische Kuppel, die ihn berühmt machte, ist die praktische Anwendung daraus.

Die Richtung, die er sich in den dreißiger Jahren vorgibt, nennt er *Dymaxion,* aus Dynamik/Maximum/Ion als maximalen Vorteil bei minimaler Energieanwendung in allen Entwurfsfeldern. Das Dymaxionhaus – in dieser Zeit konzipiert, allerdings nie gebaut – überträgt Strategien der Leichtbauweise auf ein per Zeppelin oder Flugzeug transportierbares, mehrgeschossiges Turmhaus. Es ist ein 12 m hohes Einfamilienhaus mit 15 m Durchmesser und einem Gesamtgewicht von 2720 kg einschließlich der Inneneinrichtung. Kosten nach damaligem Geldwert: 12–20 US-Cents pro kg. Es ist auch ein Mensch-Umwelt-Regulator. Natürliche Energie, so beschreibt er damals fast visionär, sollte direkt als Elektrizität oder zur Klimatisierung genutzt werden, oder aber man könnte sie in Batterien speichern [Abb. 29].

Das *Wichita*-Programm der vierziger Jahre führt Fuller zu den bereits erwähnten geodätischen Konstruktionen. Seine Arbeiten mit Studenten sind Entwicklungslabors für Kuppeln, von denen bis Anfang der sechziger Jahre 3000 Stück in fünfzig Ländern gebaut wurden: Ausstellungshallen, Radarkuppeln, die 1967 im amerikanischen Pavillon der Expo in Montreal gipfelten mit einer Dreiviertelsphäre von 6,7 Millionen Kubikfuß Rauminhalt und 200 000 Quadratfuß Plexiglaspaneelen belegt. Das ‚Raumschiff' *Biosphere* 2, nördlich von Tucson in Arizona, ist ein Echosystem der neunziger Jahre auf Buckminster Fuller, seine Darstellung vom Raumschiff Erde, seine Synergievorstellungen und geodätischen Strukturen. Fullers Anregungen münden in Architektur, Skulptur, Malerei, Design und Visualisierung. Wer im Köl-

Abb. 29 Richard Buckminster Fuller, Dymaxion-Haus, 1928, als Modell rekonstruiert 1996 am Institut für Tragwerksplanung der TU Braunschweig. *(Foto: J. Claus)*

ner Museum Ludwig das Riesenbild *Map* von Jasper Johns sieht, eine gemalte in 20 gleichseitige Dreiecke aufgefaltete Weltkarte, wird mit einem anderen Aspekt Buckminster Fullers konfrontiert: dem Kartographen, der mit Hilfe veränderter Projektionen die Landmassen des Planeten Erde als eine Kette von Inseln im Weltmeer aufzeigte. Die Dymaxion-Luftozean-Weltkarte, 1943 erstmalig in *Life* veröffentlicht, später überarbeitet, projiziert das Antlitz der Erde auf gleichseitige Dreiecke, die ausgeschnitten und zusammengesetzt *ein* Ikosaeder ergeben. Die Projektion entspricht in der geographischen Anordnung genau einem Globus; die Landmassen stimmen überein, ebenso wie die geographischen Fakten. Die Weltenergiekarte, die er auf der Grundlage der 1946 patentierten Dymaxion-Projektion entwickelte, setzt Energieproduktion und -verbrauch in ein kartographisches Netz um. Zusammen mit *Worldsat International* in Toronto wurde die Fuller Projektionskarte in den späten neunziger Jahren neu herausgebracht, diesmal von Satellitenaufnahmen gestaltet. Die Aktualität eines Buckminster Fuller reicht bis in das Internet, das seine technischen Erfindungen und Anregungen für Designer, Energieplaner und Architekten umsetzt.

Solare Kunst

Zu einer Typologie solarer Skulpturen

„Primo Levi hat einmal gesagt: Die Zukunft hat ein altes Herz. Damit hatte er ganz recht, denn wenn man etwas Modernes schaffen will, muß man die Verbindung zur Vergangenheit verstehen. Nichts taucht aus dem Nichts auf.“
Renzo Piano, Architekt

Kunstformen, die mit der Metapher der Sonne arbeiten, sind so alt wie die Geschichte der Kunst selbst. Diese Geschichte der Kunst ist auch eine Geschichte der wechselnden visuellen Interpretationen der Sonne – und damit des Lichtes. Über Kunst zu sprechen heißt immer auch über das Licht zu sprechen. Die Sonne gebiert den Traum der Kunst. Visionen sind durch Licht sichtbar gemacht.

Und doch liegen qualitative Entwicklungsphasen oder gar Entwicklungssprünge zwischen der steingewordenen Verehrung der Sonne, dem lichtüberfluteten Leinwandbild, dem kinetischen Lichtobjekt und der solaren Skulptur. Auf eine Formel gebracht: Die solare Skulptur von heute ist ein Techno-Organismus, vereint Elemente des Technologischen mit den Reaktionsformen des Organischen, ist ein Empfänger und Sender zugleich. Angebunden an den Kosmos, aus dem sie die Sonnenstrahlung empfängt, ist sie in der Lage, Energie und damit Licht oder Bewegung zu speichern, weiterzuleiten und eine Kategorie der Erfahrung in die Kunst einzubringen, die es bislang nicht gab.

Um zu einer Typologie solarer Skulpturen zu kommen, schlage ich vor, vier verschiedene Funktionsweisen und Technologien zu unterscheiden:

- Forschungsorientierte solare Kunstwerke, die in die Tiefenzeit des Lichtes eindringen;
- Reflexionsfolien-Skulpturen und Außenhologramme, die sich des Sonnenlichtes als des großen ‚Attraktors' bedienen;
- Solare Lichtkunstwerke, die Spiegel, spiegelnde Metalle und Prismen einbeziehen oder darauf aufgebaut sind;
- Skulpturen, Anlagen, Installationen, die ihre Energie über Photovoltaik erhalten.

Es versteht sich, daß – wie immer bei solchen Klassifizierungen – die Grenzen offen sind, weil es einen Austausch zwischen den vier Funktionsweisen gibt und geben muß. So fließt forschungsorientierte, solare Kunst auch in die Bereiche der Arbeit mit Photovoltaik ein oder in die optischen Entwicklungen der Außenholographie. Spiegelnde Metalle in Form von Heliostaten sind auch mit Photovoltaik als Bewegungsenergie kombinierbar etc. Den hier vorgestellten Künstlerinnen und Künstlern geht es um Projekte innerhalb eines weitergesteckten Zieles für eine solare Zukunft. Das einzelne Kunstwerk ergibt sich einerseits aus der individuellen Biographie, steht in deren Abfolge und Konsequenz und ist andererseits auch Teil einer häufig sehr expliziten Strategie einer Neudefinition der elementaren Kraft des Sonnenlichts. Diese Strategie schließlich nimmt Stellung innerhalb des weltweiten Bemühens um eine Neubegründung unserer Energiesituation.

Künstlerische Skulpturen, die mit dem Sonnenlicht arbeiten, dieses zu einer wirkenden Kraft von Bewegung, Klang, Beleuchtung u. a. umsetzen, sind auch allgemein erfahrbare Symbole für ein Zeitalter, das Licht neu definiert. Dieses „Zeitalter des Lichtes“, wie es Hazel Henderson nennt, führt über das digitale oder elektronische Zeitalter hinaus. „Die Technologien des Informationszeitalters gehen inzwischen bereits von ihrer elektronischen Basis ab und zur Phototronik (= Lichtwellentechnologie, d. A.) über“, sagte sie in einem Vortrag über postökonomische Paradigmen auf dem Kongreß „Geist und Natur“ 1988 in Hannover. „Das Zeitalter des Lichts wird uns ein neues Bewußtsein und neue Ehrerbietung für lebende Systeme und die vorzügliche Informationstechnologie der DNS, für die Weisheit und Kodierung der Summe allen bestehenden Wissens auf diesem Planet bringen.“

Das Wissen um die notwendige Neuorientierung unserer Ökotechnologie steht im Hintergrund, ist aber auch die Basis des von mir und Nora Claus 1993 begründeten *SolArt Global Network,* das Kunstwerke für ein solares Zeitalter und deren Kontext vorstellt. Mit Netzwerk ist hier kein inhaltsleeres technologisches Bereitstellen von Kanälen der Information gemeint, sondern im Gegenteil ein wertebezogenes, von den Teilnehmern definiertes und getragenes Dialogfeld zwischen Menschen, Berufssparten, Sprachen und Kulturen. Die gemeinsame Überzeugung, die dem Netzwerk Inhalt und Struk-

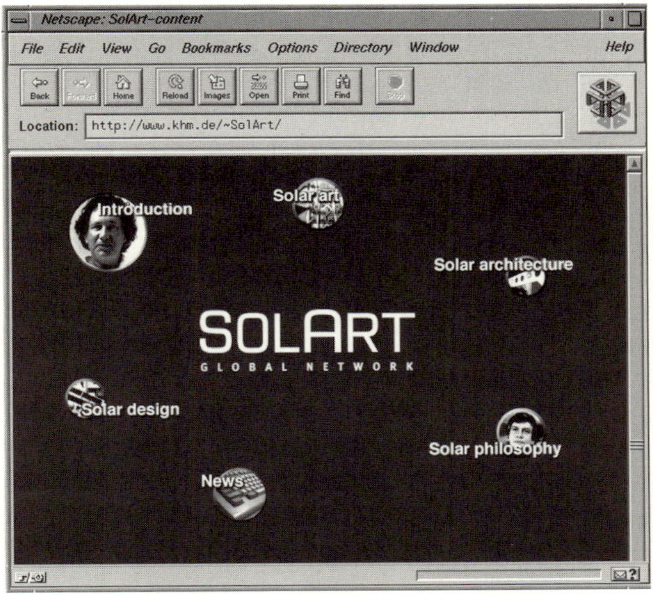

Abb. 30 Das von Jürgen und Nora Claus begründete *SolArt Global Network* hat eine elektronische Adresse im Internet unter: http://www.khm.de/~SolArt/, gestaltet von Chris Ganter an der Kunsthochschule für Medien Köln. Das Angebot umfaßt u. a. solare Kunst und Architektur sowie solares Design. *(Foto: Archiv J. Claus)*

tur gibt, ist der notwenige Schritt in ein solares Zeitalter.

Zusätzlich meint Netzwerk auch die Kommunikation im elektronischen Netz. (Man findet es im Internet unter der Adresse: http://www.khm.de/~SolArt [Abb. 30].) Das Netzwerk schließt die innovative Neuorientierung von Energieproduktion und -verteilung auf solarer Basis ein, ebenso die Unterstützung einer dauerhaften, ökologisch sinnvollen Warenproduktion und -verteilung. Wesentlich ist innerhalb dieses Gesamtkonzeptes, die Kultur eines solaren Zeitalters zu überprüfen und neu zu definieren. Im Zentrum dieser Kultur steht die Kunst als deren schöpferische Substanz und Energie. Das ist bewußt gegen alle Tendenzen pessimistischer Kultur- und Kunstauflösung formuliert. Deshalb ist es wichtig, die Prämissen einer solaren Kunst zu bestimmen, sie zur Diskussion zu stellen und weiterzuentwickeln. Das *SolArt Global Network* will genau das tun.

Es ist ein dezentrales Ereignis. Damit greifen wir eine der Positionen des solaren Zeitalters auf: In kleineren, umweltbezogenen, lokal begründeten, aber global legitimierten Einheiten die Entscheidungen in die Hände und Köpfe der teilnehmenden Personen zu legen. Auf die Frage, wo das Ereignis stattfindet, antworte ich: Es findet weltweit statt, an Orten, die von den Teilnehmern ausgesucht werden oder sich durch gezielte Einladungen ergeben. Die Bezeichnung Netzwerk unterstreicht das.

Forschungsorientierte solare Kunstwerke

Solare Raumgleiter und Satelliten: Pierre Comte

Solare Kunst ist für den 1927 geborenen Franzosen Pierre Comte Raumkunst – *Space Art.* Seine visuellen Arbeiten sind ausgespannt zwischen Dokumentations- und Experimentalfilm, umweltbezogenen Installationen und weltraumbezogenen Entwürfen sowie verschiedenartigen Visualisierungen. Schon sein mit dem Astrophysiker Jean-Claude Pecker 1959 erstellter Film *Les Chemins d'Helios* (Die Wege von Helios) beschäftigt sich mit dem weiten Feld der Sonnendefinitionen in Mythos, Religion, Wissenschaft. Seine *Mur des vents* (Windmauer), 1973 in Paris errichtet, ist eine abstrakte, kinetische Wand, die vom Wind verändert wird. Die „Maschinen-Satelliten" sind poetische Mikroversionen erfundener Planeten und Satelliten, die den Gesetzlichkeiten der Satelliten im Detail folgen. Es sind sehr persönliche Erfindungs-Planetarien. Erfahrungen der Welträume, die ansonsten nur mittelbar über Teleskope, Vergrößerungen und ähnliches übertragen werden, sind hier in ihrer poetischen Dimension erlebbar.

20 Jahre nach dem Sonnenfilm nimmt Comte in einem zwischen Forschung, Design, Technik und Kunst beheimateten Versuch den Weltraum und damit die Sonne zum grundlegenden Thema seiner Arbeit. *Horus* von 1979 ist das Projekt eines durch Satellitenkameras aufgenommenen Kunstwerkes. Es wird aus 24 prismatischen Strukturen gebildet (Seitenlänge: 14 m), die in Form eines 500 m Durchmesser großen Kreises auf dem Wasser installiert sind und das Licht in den Raum zurückspiegeln. Eine andere Version davon ist *Horus Lunaire* (Horus auf dem Mond), wobei eine reflektierende Prismenstruktur entweder unbeweglich oder durch Fernübertragungs-Befehle beweglich auf dem Mond errichtet würde. Das auf den Mond treffende Sonnenlicht fällt auf die Erde zurück. Das Ziel sind sichtbare Dialoge zwischen der Erde und dem Weltraum, in beiden

Richtungen angelegt. Später setzt sich Pierre Comte mit dem schwierigeren visuellen Dialog vom Weltraum zur Erde auseinander. Dafür erfindet er 1981 den Begriff Arsat (aus: Art und Satellite).

Arsat 01 ist als Raumgleiter aus Leichtstrukturen geplant, die ihre definitive Bauweise durch Polymerisation (Molekülentwicklungen) im Weltraum erhalten sollen. *Arsat Helios* ist das Projekt für einen rhombusförmigen Satelliten, einen riesigen Solargleiter, der sich durch Lichtantrieb bewegt. *Arsat Symbiose* ist das Projekt einer Raumstadt. In den letzten Jahren beschäftigte sich Comte auch mit einer kleinen, experimentellen Weltraum-Solarenergie-Station [Abb. 31]. Er schreibt dazu in der angesehenen Zeitschrift „Leonardo": „Das Experimentelle *Arsat (AX)* Projekt *Solar Power Station (SPS)*, ein komplett technisches und wissenschaftliches Programm, wurde entworfen, um einen experimentellen Solarkraft-Satelliten vorzuführen. Solarkraft-Satelliten sind für die ökologische Zukunft unseres Planeten und den Energieverbrauch einer wachsenden Weltbevölkerung wesentlich. Konventionelle Solarkraft-Anlagen sind für die Benutzung im Weltraum ungeeignet wegen der phantastischen Masse und der Größe (nicht weniger als 50 000 t), die diese Monster erfordern. Angesichts der Kosten auf solcher Ebene ist es absolut notwendig, vorher von der Zuverlässigkeit von Solarkraft im Weltraum überzeugt zu sein. Die *Arsat*-Vereinigung schlägt der internationalen Gemeinschaft ein Projekt vor, das von den heutigen Raumfähren befördert werden kann. Dank unseres Know-how kann eine einzige Rakete eine ‚kleine'

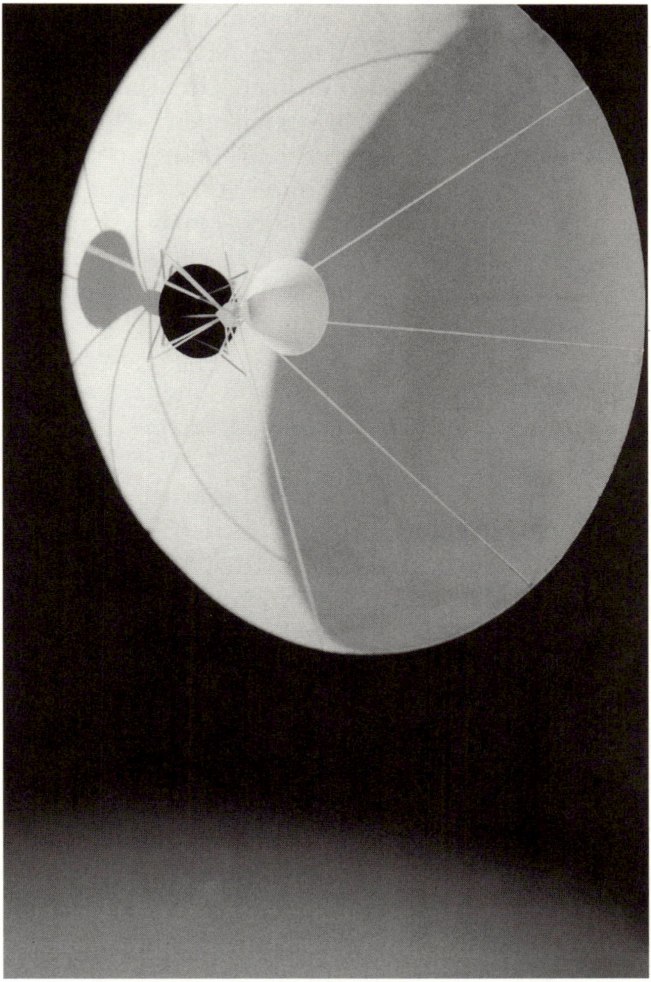

Abb. 31 Pierre Comte, Projekt einer Solarkraftanlage im Weltraum. Die kleine Station als Prototyp einer Versuchsanlage ist ein Parabolspiegel von 50 m Durchmesser, 35 m Tiefe; vorgesehene Leistung: 0,5 Mega-Watt. *(Foto: P. Comte)*

experimentelle Solarkraftanlage mit einem Parabolspiegel von 50 m Durchmesser in den Orbit schicken. Diese Anlage würde sich automatisch entfalten, während konventionelle Solarkraftanlagen mehr als 100 Astronauten zum Zusammenbau benötigen würden. Außerdem würde *SPS AX* ohne Verzögerung zu arbeiten beginnen. Obgleich nur eine mäßige Kraftleistung von 0,5 MW zur Erde geschickt würde, spräche die einfache Tatsache, daß es funktioniert, für diese neue, nicht verschmutzende Technologie."

Die Stimme der Photonen: Shawn Brixey

Der 1961 geborene, gegenwärtig in Seattle arbeitende und lehrende amerikanischer Künstler Shawn Brixey belegt mit seinen Installationen seit Mitte der achtziger Jahre den Forschungskontext, in dem solare Kunstwerke stehen können [Abb. 32]. Die Forschung zielt dabei tatsächlich auf die Tiefenzeit des Lichtes, das zu uns gelangt. Dem Sonnenlicht als Quelle künstlerischer Arbeit begegnet Brixey besonders während seines Studiums bei Dale Eldred am *Kansas City Art Institute.* Er erweitert den forscherischen Aspekt während seiner Zeit am *MIT* in Cambridge, wo er mit dem *Center for Advanced Visual Studies* 1986 an der Ausstellungs-Performance *Desert Sun/Desert Moon* nahe dem kalifornischen Yosemite National Park teilnimmt.

Der Titel der zusammen dort mit Laura Knott und David Atherton ausgeführten solaren Installation heißt „Photonen Stimme", die wie eine Brücke aus

Abb. 32 Shawn Brixey probt hier zusammen mit der Tänzerin Laura Knott für die Solar-Performance *Sky Emission,* die beide auf der documenta 1987 aufführten. Die Performance verbindet sich mit den die Sonne reflektierenden Linsen; Lichtwellen werden in elektrische Energie und wahrnehmbare Töne übersetzt. *(Foto: Donna Coveney)*

Licht gestaltet ist. Technisch gesprochen handelt es sich um einen solaren Transmitter, eine Spiegeleinheit, die die Sonnenstrahlen während einiger Minuten auf einen 18 m entfernten Empfänger wirft. Dieser besteht aus einem luftleeren Glasbehälter, in dem sich Graphitteilchen befinden. Durch die Lichtstrahlung bilden die Teilchen ganze Mikrogalaxien von Formen, die durch Tanzbewegungen vor dem solaren Transmitter gesteuert werden können. Die Tänzerin Laura Knott beschreibt in der Zeitschrift „Leonardo" ihre Erfahrung so: „Von meiner Position in

‚Photonen Stimme' aus sah ich die Landschaft vor mir in den Fresnel Linsen, auf dem Kopf stehend, ich sah eine Gruppe von Leuten, in den Glasbehälter schauend, und sah weiter hinüber 400 m ins Owens Valley, dann in die Inyo Mountains und über ihnen in die Sonne. Ich wußte, daß sich die Erde bewegt und daß sich die Graphitteilchen entsprechend meinem Tanz bewegten. Ich war das Verbindungsglied zwischen hier und da, zwischen der alten Energie der Sonne und der neueren, vom Menschen erzeugten Energie. Ich sandte aus und empfing."

Die eigene Vorstellung von Shawn Brixey verweist auf den poetischen Inhalt seiner Installationen, wobei Poesie hier die ausdrucksvolle Interaktion kleinster Formen von Materie und Energie meint. So setzt er das Instrumentarium von „Photonen Stimme" in dem anschließenden Projekt „Instrumente materialer Poesie" fort. Es geht hier um den Gebrauch des Strahlungsdruckes – der kinetischen Eigenschaft von Photonen – in einer Vakuumkammer. Hierbei wird allerdings nicht mit Sonnenlicht, sondern mit einem Xenon-Lichtwerfer gearbeitet, dessen Strahl Tausende von Graphitkristallen in einer sphärischen Vakuumkammer aus Glas bewegt. Hier bildet sich wiederum eine Folge von Mikro-Galaxien, die in Echtzeit von einer mikroskopisch kleinen Kamera aufgenommen und projiziert werden.

Licht als Rhythmus

Diffraktions-Skulpturen: Dale Eldred

Dale Eldred starb am 26. Juli 1993 in seinem Studio in Kansas City, als er zusammen mit seiner Frau Roberta Lord und sechs Freunden eigene Bilder retten wollte, die durch das Hochwasser des Kaw River bedroht waren. Er war ein Solarkünstler in jeder Bedeutung des Wortes. Seine positive, hellwache Wahrnehmung und die Kraft, die von ihm ausgingen, waren gekoppelt an die biosphärischen Elemente des Lichtes, der Zeit und des Raumes. Seit den späten siebziger Jahren des 20. Jahrhunderts widmete er sich sogenannten Diffraktions-Skulpturen, bei denen das einfallende Sonnenlicht umgelenkt, farbig aufgeschlossen und zurück auf Gegenstände, Häuser, Fassaden, Decken, Böden etc. geworfen wird. Wie es Menschen gibt, die Ideen weitertragen und nicht einschließen, so sind seine Solarskulpturen Empfänger und Sender.

Solche Werke, zumeist groß, gelegentlich riesig dimensioniert, führte er 1978 für die Außenfassade des Museums zeitgenössischer Kunst in Houston/Texas aus. Im Jahr darauf verwandelte Dale Eldred in insgesamt acht Installationsbereichen den Außen- und Innenraum des Nelson-Atkins-Museums in Kansas City zu einem gesamt-holographischen Körper. Der große Innenhof des Kunstmuseums ist auf drei Ebenen mit Diffraktions-Paneelen gestaltet – am Boden liegende, in den Rundbögen der ersten Etage reihum aufgestellte und um den Dachfirst installierte. (Die

Diffraktions-Folie ist eine Variante der holographischen Oberfläche, mit der Holographie hat sie allerdings im Herstellungsprozeß nichts gemeinsam. Sie entsteht vielmehr, indem Aluminium mit 15 000 Zeilen pro Quadrat-Inch geschnitten wird. Diese Folie kann mit Glas verkleidet und für den Außenraum haltbar gemacht werden.)

1980 ragt eine Lichtstele von Eldred mit Diffraktions-Paneelen für eine Ausstellung des Kunstmuseums in St. Petersburg, Florida, in den Himmel und spiegelt das Licht weithin sichtbar auch über das Wasser. 1981 lädt ihn Otto Piene ein, an den Ausstellungen zur ersten *Sky Art* Konferenz in Cambridge, Massachusetts, teilzunehmen. Am Nordufer des Charles River, der Cambridge von Boston trennt, installiert Eldred eine Spiegel-Batterie, die das Sonnenlicht am Mittag südwärts über den Fluß auf ein Reflektorfeld wirft. Zeit wird sinnlich, künstlerisch, ästhetisch erfahrbar. Dazu Eldred im Katalog der *Sky Art* Konferenz: „Der Lebenszyklus des Menschen war einst auf intime Weise mit dem Licht verbunden. Aufstehen und Zubettgehen vollzogen sich mit der Sonne. Die Menschen maßen Zeit durch die Schatten, die ihre eigenen Körper im Sonnenlicht auf die Erde warfen. Mit meinem Werk ‚Sonnenstrukturen' kehre ich zurück zu diesem Konzept von Licht und Schatten als Einheiten, die unmittelbar mit dem menschlichen Verhalten verbunden sind. Die Arbeit handelt vom Zyklus des Verhältnisses zwischen Mensch, Erde und Sonne. Es gibt keinen besonderen Standpunkt, um eine solche Arbeit zu erleben, und es gibt keinerlei ‚korrekte' Orientierung dazu, so wie es keine Beschränkung gibt, wo eine Person stehen sollte, um die Wärme der Sonne ‚korrekt' zu fühlen." Als Dale Eldred ein Jahr später in Helsinki und Helsingfors ausstellt, schreibt Antero Kare begleitend im Katalog: „Dale Eldred besetzt eine ganze Stadt, wenn er darin arbeitet. Er benutzt ihre geographische Lage und ihr architektonisches Profil; er verändert räumlich ihre Gebäude, Parks und ihren Horizont und konfrontiert sein Publikum mit einigen grundlegenden Lebenselementen – Energie, Rhythmus, Puls und gegenseitigen Wechselbeziehungen."

In die Geschichte des Lichtes und seiner Wahrnehmung schreibt sich dieser Künstler ein, indem er seine Materialauswahl rigoros auf das aktuelle Angebot von Diffraktions-Folien begrenzt, diese Auswahl jedoch voll ausschöpft. Die Sonne erschafft auf diesen Folien eine neue Generation von reflektierendem Licht, das die Umgebung einbezieht. Diese Reflexionszonen können im Dunkeln liegen, auf den Sonneneinfall warten, der sie dann urplötzlich zum Strahlen bringt.

Spiegel, spiegelnde Metalle, Prismen

Sonnenzeichnungen: Janet Saad-Cook

1993 hatte sich die amerikanische Künstlerin Janet Saad-Cook nach Santa Fe begeben, um die Fertigstellung eines größer angelegten Bauwerkes mit „Sonnenzeichnungen" in der Nähe von Socorro, im Süden des Bundesstaates Neumexiko, voranzutreiben.

Im Sommer 1994, als ich sie besuchte, wohnt sie am Stadtrand in einem im traditionellen Stil gebauten Adobe-Haus, das sich der hügeligen Landschaft anschmiegt, dennoch offen und verborgen ist.

Eine „Sonnenzeichnung“ ist für Janet Saad-Cook ein bildnerischer Prozeß, der auf einer Interaktion des Sonnenlichtes, der Erdrotation und stark reflektierender Materialien, die in den Strahl der Sonne gestellt sind, beruht. Solche „Sonnenmalerei“ hatte der israelische Künstler Paul Konrad Hoenich seit Ende der 50er Jahre des 20. Jahrhunderts entworfen und war damit zu einem Pionier der Sonnenkunst mit Reflektoren geworden. Da ich mich hier auf neuere Solarkunst konzentriere, muß ein Hinweis auf das frühe Werk von Hoenich ausreichen, wie es sich unter anderem in seinem Buch „Sonnenmalerei“ von 1974 niederschlägt. Das Ergebnis dieses Prozesses, bei Hoenich sowie später bei Saad-Cook, sind steuerbare, immaterielle „Sonnenzeichnungen“, die sich für eine, je nach Einstrahlung der Sonne, kurzfristige Zeit bilden, indem die Reflexionen an Festflächen ausgemacht werden können.

Während Janet Saad-Cook zunächst ab 1982 mit irisierenden Folien arbeitet, entwickelt sie ab 1985 während eines Studienaufenthaltes am *Department of Physics* der Katholischen Amerika-Universität in Washington, D. C., di-elektrisch (nichtleitend) überzogene Gläser. Zusammen mit spiegelndem Stahl und spiegelnder Bronze fand sie damit die Trägersubstanzen ihrer Reflektoren. Das US-Patentamt gewährte ihr 1989 dafür ein Patent. Im Vergleich zum Maßstab der erzeugten biosphärischen Bilder sind die Erzeuger, jene Reflektoren, klein und treten visuell zurück. Wie Weltraumteleskope sind die Instrumente ausgeklügelt, quasi „Geburtshelfer", um kosmische Ereignisse sichtbar und erlebbar zu machen.

Um mehr darüber zu erfahren, wie alte Kulturen mit Solarzeichen, mit der Sonne und ihrer tellurischen Interpretation umgingen, unternimmt die Künstlerin zahlreiche Reisen zu den prähistorischen wie historischen Sonnen-Gebäuden im Südwesten der Vereinten Staaten, vor allem der Anasazi im Chaco Canyon Neumexikos und in Hovenweep in den Bundesstaaten Utah und Colorado. Sie modelliert die Erfahrungen einer untergegangenen Kultur mit den Solarzyklen nach, indem sie etwa in Wijiji, Neumexiko, zur Sommersonnenwende 1983 mit ihren zeitgenössischen Materialien „Sonnenzeichnungen" an die Wände im Canyon wirft. Janet Saad-Cook definiert das als eine Brücke über die vergangene Zeit hinweg zur Erfahrung des solaren Lichts. Immer ist es kosmisches Licht, in vergänglichen Zeichen eingefangen: Steinzeichnungen, Petroglyphen, Steinskulpturen auf der einen Seite – Solarreflektionen, Sonnenzeichnungen auf der anderen Seite.

Um diese Erlebnisse einer immateriellen Solarskulptur besser zu vermitteln, sucht Janet Saad-Cook 1986 einen Ort in Neumexiko, der sich für eine permanente Installation eignet, und findet ihn im Nationalen Radioastronomie-Observatorium *Very Large Array (VLA),* etwa 60 Meilen von Socorro entfernt: 27 riesige Antennen, die in Form eines Y über eine Gesamtfläche von 20 x 20 Meilen bewegbar aufgestellt sind, empfangen Radiowellen aus dem Weltall. Radioastronomie wird im größeren Stil erst seit Ende des Zweiten Weltkrieges entwickelt und seither neben die optische Untersuchung des Lichtes gestellt. Auffallend – im wörtlichen Sinne – sind die riesigen parabolischen Schüsseln der Teleskope, die die Radiowellen sammeln. Unter dem Titel „VLA Sonnenzeichnung Projekt“ wird der Gedanke eines dauerhaften Vorführraumes in einer eigens dafür zu erstellenden Architektur 1987 von der amerikanischen *National Science Foundation* akzeptiert. Janet Saad-Cook überträgt 1991 dem Architekten Eric Owen Moss aus Los Angeles den architektonischen Entwurf.

Die geplante Architektur, eine weiße, halbkugelförmige Struktur mit über 42 m Durchmesser, nach Süden glasbedeckt mit Ausblick auf den Himmel, gleicht einem Observatorium. Wenn es zum Bau kommt, was zum Zeitpunkt meines Aufenthaltes nicht abzusehen war, wird dieser im Inneren über 200 reflektierende Elemente enthalten, die die Sonne einfangen und entprechend ihrem Zyklus als Lichtzeichnungen wiedergeben. Im Unterschied zur Streuung des Sonnenlichtes durch Prismen, wie sie etwa Alex und Martha Nicoloff künstlerisch verwenden, sind die Farben bei Janet Saad-Cook das Ergebnis der Interferenz des Sonnenlichtes. Die historischen Koordinaten ihrer Sonnenkunst sind einerseits die erwähnten uralten Sonnenzeichen der Anasazi, die den solaren Zyklus mit ihren Symbolen und Bauten markierten, andererseits die Vorgehensweise und Instrumente moderner Astronomie.

Secrets of the Sun: Peter Erskine

Peter Erskines selbstentworfenes Haus und angegliedertes Studio liegt in Venice, Los Angeles. Früher war der nahe am Pazifik gelegene Ort ein Eldorado für Architekten, Designer, Künstler, Schauspieler. Kurz vor meinem Besuch bei ihm hatten bewaffnete Gangs die Gegend terrorisiert, es gab zahlreiche Tote. Der Aufenthalt in den Straßen von Venice wurde zum russischen Roulett. Unsere Gespräche im Studio von Erskine sind von einem lauten Knistern und einer Folge von Kleinstexplosionen begleitet: Die Stromdrähte, die am Studio vorbeiführen, reagieren auf Feuchtigkeit von außen. Pe-

Abb. 33 Bei der Solar-Installation *S.O.S - Secrets of the Sun* benützt Peter Erskine 1991 mit Solarenergie betriebene Heliostaten, um das Licht der Sonne in die Innenräume der Trajanischen Märkte in Rom zu werfen. *(Foto: P. Erskine)*

ter Erskine, der Sonnenkünstler, lebt zwischen menschenverachtendem Terror und menschenverachtendem Elektrosmog. Seine solaren Installationen zeigen genau diese Konfrontation zwischen Zerstörung und Hoffnung. Er inszeniert Erlebnisräume, denen er den Gesamttitel *S.O.S. – Secrets of the Sun* gibt. Die erste Station im Frühjahr 1992 sind die Märkte des Trajan in Rom, eine rund 1900 Jahre alte Architektur, die während der Ausstellungsdauer zum gesellschaftskritischen Demonstrations- und Diskussionsforum wird. Die zentrale Sonnenlicht-Verwandlung geschieht mittels eines Heliostaten, der, von Solarenergie betrieben, vom Außenraum her das Licht nach innen wirft, auf Diffraktionsfolien, die ihrerseits die Räume, die Decken, die Böden verändern und die durchschreitenden Menschen mit dem Spektrallicht konfrontieren [Abb. 33].

Im Katalog zur Ausstellung sagt Erskine: „Ich stelle mir die Geheimnisse der Sonne gern vor als eine Reihe sich überlagernder Systeme, die beim Betrachter komplexe interagierende Möglichkeiten hervorrufen – Klang, Text und Spektralfarben. Bruce Odland und Sam Auinger schufen eine interaktive Klanginstallation, die eine magische Synergie mit allem anderen hervorruft. Wenn die Leute durch die Arbeit gehen, verändern sie sie. Das ist wie Heisenbergs Unschärferelation. Es gibt eine sich ständig bewegende interaktive Beziehung zwischen den Betrachtern, den Spiegeln und den Strahlen des Spektrallichtes. Der Schatten einer Person, die vor dem Heliostaten vorbeigeht, verändert augenblicklich die Farben in einem verdunkelten Raum 40 m entfernt.

So ist es eine Metapher für unsere kulturelle Interaktion mit der Sonnenstrahlung und der sich daraus ergebenden Beschädigung unserer Biosphäre."

Neben dem Erlebnis des in die Spektralfarben aufgefächerten Sonnenlichts konfrontiert Erskine bei *S.O.S.*, wie er es 1993 in der Berliner Kongreßhalle und 1995 in der Union Station in Los Angeles inszeniert, die Besucher auch mit Tatsachen der zunehmenden Naturzerstörung. Schon am Eingang unterschreiben sie eine Verzichtserklärung auf Schadenersatzanspruch, was sich auf die möglicherweise schädliche Strahlung des einfallenden Sonnenlichts bezieht; man unterschreibt weiterhin ein Eingeständnis, daß der persönliche Lebensstil und der Gebrauch fossiler Brennelemente zum globalen CO_2-Anstieg und zur Klimakatastrophe beiträgt. Erskine bezieht den Besucher in ein künstlerisch-gesellschaftliches Plädoyer für solare und andere erneuerbare Energien ein. Das Aussterben der Tier- und Pflanzenarten wird akustisch und visuell angeklagt. Um breite Kreise zu erreichen, begibt sich Erskine mit seiner *S.O.S.*-Installation in öffentliche Gebäude. Er erweitert zudem mit der Union-Station-Installation in Los Angeles erstmalig den solaren Kunstkontext in den Erziehungskontext, wobei das Ziel ein auf solarem Verständnis beruhendes Ausbildungskonzept ist.

Beispielhaft für das biosphärische Engagement eines Solarkünstlers schreibt Erskine im römischen Ausstellungskatalog: „Ich glaube, die Lösung schließt eine gewaltige Paradigmenveränderung in der Art ein, wie wir über Natur und den Gebrauch von Energie und Technologie denken. Paul Mac-

Cready sagt, daß wir die Periode des Überflusses verlassen und die Periode der Grenzen erreichen. Die Zukunft ist nicht mehr offen. Sie könnte ein winziges Nadelloch sein, durch das die Menschheit gehen muß, wenn wir im 21. Jahrhundert zu einer dauerhaften Zivilisation gelangen wollen. Dieses Nadelloch erfordert einen Gezeitenwandel in unserer Haltung gegenüber Natur, Technologie und der Zukunft unserer Kinder. Ich betrachte die nächsten 10 Jahre als die entscheidendste Periode, durch die unsere Art geht. Deshalb der Titel des Kunstwerkes: ‚Geheimnisse der Sonne – Jahrtausend Meditationen'."

Sonnenprismen: Alex und Martha Nicoloff

Prismen werden in der Optik häufig eingesetzt, um Totalreflexion und die Ablenkung von Lichtstrahlen zu demonstrieren. Das Prisma – es kann aus Glas, Quarz oder Steinsalz bestehen – zerlegt weißes Licht in Spektralfarben. Total reflektierende Prismen werden unter anderem in das Prismenfernrohr oder in den Prismenkreis, einem Ortsbestimmungsinstrument auf See, eingebaut. Die Anwendung von Prismen in der Analyse des Sonnenlichts führte Newton und Goethe zu ihren Theorien, um nur zwei hervorragende Experimentatoren zu nennen, die auch auf die Welt der Künste immensen Einfluß hatten und noch immer haben. In der kinetischen Kunst bedienen sich Künstler wiederum der Verbindung von Kunstlicht und Prisma, um optische Zerlegungsphänomene als Zeitablauf ins Kunstwerk zu transponieren. Heute besinnen sich immer mehr Künstler auf die prismatischen Gestaltungsmöglichkeiten durch Sonnenlicht.

So sind Alex und Martha Nicoloff ein in Prismenwerken vielfältig geschultes Künstlerehepaar in Berkeley, Kalifornien. Alex hat noch bei Moholy-Nagy am *Institute of Design* in Chicago studiert. Er leitete das Ausstellungsdesign am früheren Lowie Museum für Anthropologie an der Universität von Kalifornien in Berkeley zwischen 1961 und 1988. Zusammen mit seiner Frau Martha entwirft Alex Nicoloff Installationen, die aus Sonnenlicht, Prismen, dem Spektrum und Klang bestehen; sie übertragen wissenschaftliche und technologische Innovation in eine Vielfalt ästhetischer Bilder. Im Schnittpunkt dieser Arbeiten entstehen Videos der visuellen Energien, die durch Improvisation und Orchestrierung freigesetzt werden.

1980 begann Alex Nicoloff die vorbereitenden Arbeiten zu der Solarskulptur „Spektralwelle", die einer hohen Welle gleicht und an der er von 1982 bis zu ihrer Aufstellung 1995 vor der *Lawrence Hall of Science* in Berkeley, Kalifornien, arbeitete. Das Grundkonzept besteht aus einer doppelten Reihe von Prismen, insgesamt 38, die auf einer längeren Reihe gebogener Flächen angebracht sind [Abb. 34]. Die gebogenen Flächen sind in ihrer Struktur von den tages- und jahreszeitlichen Bewegungen der Sonne abgeleitet. Am oberen Ende jeder einzelnen gebogenen Fläche sind zwei Prismen angebracht, die ein erweitertes Spektrum projizieren. Die Spektra bewegen sich oben, unten und diagonal entlang den ver-

Abb. 34 Alex Nicoloff, Spektralwelle. Die ab 1982 entwickelte Solarskulptur mit Prismen am oberen Ende wurde 1994 an der Lawrence Hall of Science im Gelände der Universität Berkeley aufgestellt. *(Foto: A. Nicoloff)*

schiedenen Kurven. Während des Sommers sind sie im mittleren Teil der Skulptur, im Winter an den Enden. Die „Spektralwelle" besteht aus geschweißtem Stahl und ist in zwei Hälften in den Grund eingelassen. Alle Metalloberflächen sind mit Emailfarbe behandelt, um klimatische Veränderungen auszuhalten. Jedes Prisma ist aus klarstem Acryl gefertigt und optischen Standards entsprechend poliert.

Nicoloff erklärt die Aussage der Solarskulptur in der Zeitschrift „Leonardo": „Sie funktioniert wie eine klassische wissenschaftliche Illustration, die physikalische Gesetze der Optik mit den Sonnenbewegungen verbindet. Der praktische Gebrauch der Skulptur als ein Zeitstück kann bedeutend verändert werden, wenn Veränderungen in der Struktur erfolgen. Wenn wir reflektierende Oberflächen an der Basis anfügen, können die spektralen Lichter, die darauf fallen, auf die gebogene Oberfläche zurückgeworfen werden. Von ihrem Ausgangspunkt als wissenschaftliches Instrument kann sich die Solarskulptur hierdurch in ein Vehikel persönlichen visuellen Ausdrucks verändern. Breite, langsam sich bewegende, zurückgeworfene Lichtstrahlen können neben schnell sich verändernden fragmentierten Reflexionen stehen. Diese wiederum sind mit vorübereilenden Formen verbunden, die sich auf zusätzlichen Projektionsflächen ausbreiten. So können weitere Bilder in sorgfältig komponierte Folgen eingebettet werden, die sich je nach der Jahreszeit verändern."

Solarkunst mit Photovoltaik

Lebensformen als Kristalle: Jürgen Claus

Das Studium der Lichtleistung von Plankton, das heißt von Mikroorganismen des Meeres, brachte mich 1983 zur Erfindung von kybernetischen Sonnenskulpturen. Der Impuls kam also aus der Natur, genauer aus einem über Jahre sich vollziehenden Interesse an den Funktionsleistungen und Formen des Planktons. Die Hälfte der lebenden Materie, die auf unserem Planeten erzeugt wird, ensteht im Meer. Wesentlich für die Grundlage der Lebenskette ist das Plankton, das seit der britischen „Challenger"-Expedition im 19. Jahrhundert mehr und mehr erforscht wurde. Das dem Entstehen des Planktons zugrundeliegende System der Photosynthese könnte, so notierte ich damals, in einem ähnlichen Sinne für kinetische und kybernetische Skulpturen eingesetzt werden.

Ein erster Entwurf von 1983 sah vor, auf der Meeresoberfläche Solarmodule zu plazieren, deren Energie-Ausbeute für die Erzeugung von Laserstrahlen benutzt wird, die ihrerseits wiederum Kunstformen auf dem Meeresgrund beleuchten. Eine Alternative dazu leitet die solare Energie in Form von Licht unmittelbar in Skulpturen, die säulenartig auf dem Meeresgrund stehen. Die Entwürfe präzisieren sich zu einer Reihe von Solarskulpturen wie einer Lichtpyramide, einer Lichtkugel, einer röhrenförmigen Lichtskulptur. Aus dem Raum unter dem Wasser – im Wasser, um genau zu sein –, in dem ich 1984 eine erste „Sonnenpyramide" testete, wird zur Ausstellung „Kunst und Technologie" im Bonner Bundesministerium für Forschung und Technologie im September 1984 eine Landversion: Während der Wagen mit sechs Solarmodulen der Typenreihe SM 144 mit je 144 monokristallinen Siliziumsolarzellen (Siemens) im Außenraum das Sonnenlicht einfängt, erleuchtet er gleichzeitig im Inneren der Ausstellung eine offene Vierkantpyramide aus acht gelben Argon-Kunststoffröhren mit einer Kantenlänge von 150 cm. Die Trennung zwischen Solarenergie-Provider und Skulptur habe ich als vorübergehende, sozusagen archaische Form verstanden. Das Ziel wird die Integration von Energieaufnahme per Photovoltaik (oder

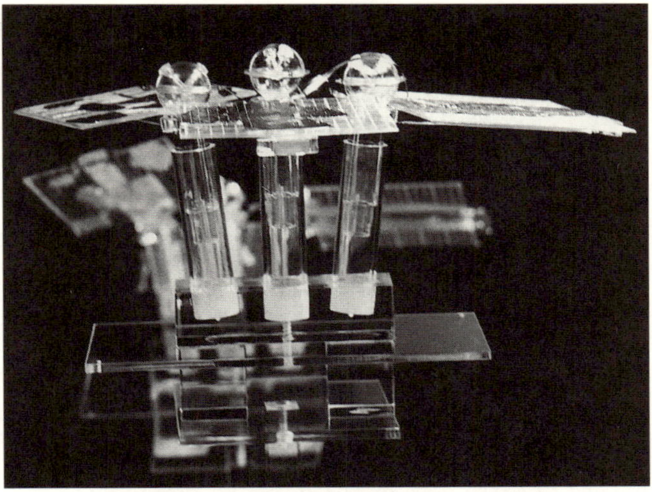

Abb. 35 Jürgen Claus, Modell einer Solarenergie-Skulptur, 1987. Die Flügel der Anlage sind mit Solarmodulen belegt. Die gespeicherte Energie wird zur Beleuchtung und zur Bewegung der Skulptur verwendet. *(Foto: J. Claus)*

Wind oder Wasser als „Geschwistern" solarer Energien') und künstlerischer Form, Skulptur, Gestalt. Dazu dienen die Modelle von Solarskulpturen, die vorwiegend 1987 entstehen und in dem Video *Solar Energy Sculptures* (Produktion: Jürgen Claus; Editor: Vin Grabill; 1987) eine Hauptrolle spielen.

Diese Solarskulpturen sind vertikal, man könnte auch sagen baumähnlich angelegt mit maximaler Projekthöhe von 30 m [Abb. 35]. Die Äste oder Flügel der Modelle sind mit Solarzellen belegt, was erlaubt, selbst an räumlich beengten Stellen eine vielfache Energiegewinnung zu erreichen. Diese dient dazu, der Skulptur in sich künstlerisches Leben zu verleihen – etwa in Gestalt von Bewegung, Licht, Klang –, darüber hinaus aber Solarstrom an umliegende Gebäude weiterzugeben. Dem dient ein *Solart Expert System*, das Funktionen einer Echtzeitdatenbank und Steuerungselemente übernimmt. Hier ein Auszug aus meinem „Bildtagebuch" von August/September 1987: „Die Modelle sind auch so ausgerichtet, daß sie für eine weitere Integration, nämlich der ‚intelligenten Bildmaschine', geeignet sind. Natürlich zeigt die intelligente Bildmaschine im Innern der Sonnenskulpturen stets den aktuellen Sonnenenergieeinfuhrstand *live*. Dazu, neben der lokalen Situation, die weltweite Situation. Zum Beispiel: Soundso viel Energie (in kWh oder sonstwie geordnet) ist in diesem Moment, genauer: wäre zur Verfügung allein aus direkter Licht-Strom-Umwandlung. Das müßte doch (auch) ein guter PR-Effekt für Solarenergie sein. Die intelligente Bildmaschine zeigt auf: Soundso viel Haushalte hängen zur Zeit an Atomstrom, Kohlestrom. Soundso viel Energie aus Solarstrom wäre nutzbar. Das Ungleichgewicht wird evident."

Die Modelle sind auf Transparenz angelegt: Glas ist, wie ich ebenfalls in mein Bildtagebuch 1987 notiere, dominierend: „Element der zweiten Stufe der Solarskulpturen ist auch die Transparenz. Erinnerungen an Scheerbarts Glasarchitektur, Symbol einer transparenten Kommunikation. Ich nehme begierig die Strukturen der Sonnenfänger (Blüten, Blätter, Sträucher) auf und sauge ihre ‚richtungweisenden' Positionen auf. Meine Modelle sind naturnah, wenn auch vom Material her völlig ‚künstlich'." Glasformen kristallisieren sich, der Kristall wird zu einer Grundform meiner Entwürfe für Solarskulpturen.

So ist es konsequent, der Sonnenskulptur, die ich mit Dipl.-Ing. Wolfgang Krug und Studenten der Fachhochschule Aachen, Abteilung Jülich, 1994/95 plante und ausführte, den Namen „Solarkristall“ zu geben [Abb. 36]. Technisch gesprochen ist der „Solarkristall“ für die Jülicher Fachhochschulabteilung eine über 5 m hohe Skulptur aus bemalten Trägern, die im oberen Teil sechs Solarpaneele enthält, die jeweils eine maximale Energieleistung von 53 Watt liefern. Der tagsüber in den Solarzellen gewonnene Strom wird in Solarbatterien gespeichert. Der Batteriesatz hat eine Nennspannung von 12 V und besteht aus 6 Zellen. Durch einen Dämmerungsschalter wird am Abend in allen 11 Kristallkörpern eine Lampe eingeschaltet, deren Leuchtdauer durch die tagsüber aufgenommene Energie bestimmt ist. Um ausreichende Lebensdauer der Batterien zu gewährleisten, beträgt die Entladungstiefe jeweils 50 %, d. h., 50 % Energie verbleiben in den Batterien.

Die elf Tetraeder des „Solarkristalls“ sind als Leuchtkörper ausgebildet. Sie sind jeweils mit opakem Plexiglas verkleidet. Der Farbwahl kommt eine symbolische Bedeutung zu. Die Farben übersetzen das Spektrum des Lichtes und sind in den kleineren Tetraedern nach dem Farbkreis angeordnet. Dieser ordnet die Primärfarben (Rot – Gelb – Blau) und die dazwischenliegenden Sekundärfarben in einem Kreis. Die Form des Tetraeders wurde gewählt, da er als einer der fünf sogenannten platonischen Körper ein Symbol für das Ganze darstellt. (Im Tetraeder

Abb. 36 Jürgen Claus mit Dipl.-Ing. Wolfgang Krug und Studenten der FH Aachen, Abt. Jülich, „SolarKristall", energieautarke Sonnenskulptur mit sechs Photovoltaik-Paneelen, je 53 Wp Energieleistung, max. Höhe 5 m, 1995 errichtet. In den elf Tetraederformen erleuchtet je eine Lampe die Skulptur von der Dämmerung an. *(Foto: J. Claus)*

fand der amerikanische Architekt und Philosoph Buckminster Fuller, wie schon früher erwähnt, den kleinsten gemeinsamen rationalen Nenner des Universums.)

Der Jülicher „Solarkristall“ ist Teil des *SolArt Global Network,* des bereits skizzierten internationalen Netzwerkes, das verschiedene Ereignisse, künstlerische Skulpturen, Architekturen, Forschungen u. a. verbindet, die alle mit der Energie der Sonne arbeiten. Der Jülicher „Solarkristall“ greift praktisch und symbolisch das Thema einer energieautarken, kristallbezogenen Lichtskulptur auf. Kristalline Formen, Techniken und Materialien haben neben ihrer ästhetischen Aussage einen bedeutenden Stellenwert in der Elektronik (Chips) und in der Solartechnik (Silizium). Man kann insofern durchaus von einer künstlerischen Skulptur in der Siliziumzeit und für das kommende Solarzeitalter sprechen.

Weiterführende Entwürfe gehen dahin, die Haut der Kristallform zum Energie aufnehmenden integrativen Teil zu machen. Technisch sieht das bei dem 1997 fertiggestellten „Solar-Ikosaeder“ für das Alb-Elekrizitätswerk in Geislingen so aus, daß zwischen die Gläser, die die Außenhaut der Skulptur bilden, 270 monokristalline Solarzellen eingelegt sind [Abb. 37]. Die Energieeinnahme ist durch Neigung der Kristallkörperflächen (bis zu 30 %) optimiert. Die Kristallskulptur, deren Haut Energie am Tage aufnimmt, kann bei Dunkelheit mittels innen angebrachter Lampen zum Licht ausstrahlenden Kristall werden. Die auf den Ikosaeder-Flächen aufscheinenden, ver-

Abb. 37 Dieser „Solar-Ikosaeder", ein zwanzigseitiger Körper mit fünf im oberen Teil eingebauten Solarmodulen, enthält in den farbigen Glasflächen künstlerisch gestaltete Symbole der vier Elemente. Höhe der Sonnenskulptur, die vor dem AlbWerk in Geislingen aufgestellt ist: 5,5 m; Durchmesser des Ikosaeders: 3,2 m. Die in Batterien gespeicherte Solarenergie läßt den Körper langsam rotieren und beleuchtet ihn ab der Dämmerung von innen heraus. Entwurf: Jürgen Claus, unter Mitarbeit der Ingenieure Wolfgang Krug, Ralf Rehag, Sascha Abels. *(Foto: J. Claus)*

schiedenfarbigen Motive sind auf die Elemente Luft, Wasser, Erde, Feuer und Sonne bezogen und als Glasintarsien gestaltet – Piktogramme aus dem Universum erneuerbarer Energien.

Zwischen Skulptur und Architektur: Thomas A. Lindsey

„Ich begreife, daß die Erde Leben und Bewußtsein hat; daß die Luft, die ich atme, von allen Lebewesen geatmet worden ist; daß die Sonne und die Erde sich austauschen und daß ich aus dem Stoff gemacht bin, aus dem die Sterne sind, und in einem entstehenden Universum lebe, in dem jeder Augenblick ein lebender Augenblick ist, und daß es die Sehnsucht des Universums selbst ist, daß jeder von uns zur Schönheit und Erfahrung des größeren Ganzen erwacht." Thomas A. Lindsey, amerikanischer Architekt und Bildhauer, schreibt diese doch immerhin ungewöhnlichen Worte in einem Buch, in dem er seine „Sonnenarbeiten" präzise gezeichnet und genau durchdacht vorstellt. Viele seiner Entwürfe beruhen auf einer rad- oder trommelähnlichen Struktur. Hier knüpft Lindsey an die Bedeutung von Kreis, Rad und Trommel in Religionen wie dem Buddhismus an. Es inspiriert ihn die Einbeziehung von Wasser und Wind als Drehelemente in die buddhistischen Gebetsräder. Er stellt diesen Elementen die Energie der Sonne beiseite, eingefangen durch Photovoltaik-Module, die – auf Säulen befestigt – sich nach dem unterschiedlichen Sonnenstand ausrichten [Abb. 38].

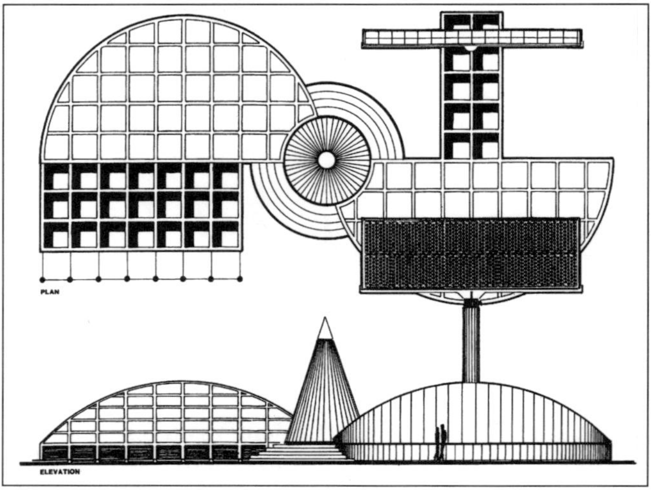

Abb. 38 Thomas Lindsey, Projektzeichnung einer mit Photovoltaik betriebenen Skulptur.

Mit der künstlerischen Bedeutung von Sonnenlicht in öffentlich aufgestellten Skulpturen kam Lindsey während seines Studiums am *Kansas City Art Institute* in Berührung, wo Dale Eldred bis zu seinem frühen Tod unterrichtete. Lindseys „Solarwerke" – im Unterschied zu seinen Architekturarbeiten sind diese bislang noch nicht realisiert worden – haben einen expliziten Bezug zur Gefährdung des Planeten und zu der Hoffnung, die sich auf eine Umorientierung unserer Energiepolitik richtet. Neben der Photovoltaik ist in weiteren Entwürfen auch die Windenergie einbezogen, so in der (nicht gebauten) Modellanlage für den Skulpturenpark der Djerassi *Foundation* in Woodside, Kalifornien. Auch hier wiederum war daran gedacht, eine Klangarbeit einzubeziehen. An dieser Stelle sei daran erinnert, daß auch einige Klangkünstler solare Kompositionen entworfen haben, wie Joe Jones, der Solarzellen wie Notenpulte aufstellt, wobei die Noten die Klänge direkt in Abhängigkeit zum Licht erzeugen: dichter Ton unter einem wolkenlosen Himmel, verhaltene Töne bei bedecktem Himmel, Stille nach Sonnenuntergang.

Kunst im Berliner Energiepark – Ein Ausblick ins Jahr 2010

Dieser abschließende Text geht von realen Namen und Fakten aus, projiziert sie jedoch in den Kontext einer fiktiven, allerdings denkbaren Energiepark-Situation – einer „Solaren Documenta". Dafür wurde Berlin im Jahr 2010 ausgewählt, als Gelände der Flughafensee sowie der Flughafen Tegel, der nach gegenwärtigem Diskussionsstand 2007 geschlossen werden soll.

Vom Solarsegler zur Energiehaut

Zur Eröffnung des Energieparks in Berlin im Jahr 2010, der das ganze breite Feld erneuerbarer Energien anhand innovativer Technologien und gebauter Beispiele demonstriert, hat man sich etwas Ungewöhnliches vorgenommen. „Man", das klingt anonym und unidentifizierbar. Aber wie immer in der

Geschichte sind es Menschen, die mit ihrer Vision, mit ihrer Zeit und der Investition ihrer Gedanken dahinterstehen. Diese Gruppe von Menschen hat ein Projekt der 80er Jahre des 20. Jahrhunderts aufgenommen, das Projekt *Solar Sail* (Solarsegler) der *World Space Foundation* im kalifornischen Pasadena.

1981 hatten Mitglieder der Projektgruppe den Prototyp eines solchen Seglers gebaut, Seitenlänge bescheidene 14 m. Das Ziel waren Segler zum Mars, mit 850 m Seitenlänge und einer dreiviertel Million Quadratmeter Fläche, für den Transport von drei Tonnen Nutzlast ausgelegt. So abenteuerlich sich das seinerzeit anhörte, so war doch eine Steigerung möglich, die die Forschung, die Technik, die Kunst herausforderte: Die weiterentwickelten Solarsegel sollten sich im Raum selbst aufbauen. K. Eric Drexler, der im Mikrobereich forschende Nanotechnologe und einer der am Projekt Teilnehmenden, nannte sie Lichtsegel, bestehend aus Material, das nur einige hundert Atome dick sein sollte, von äußerst kleinformatigen Molekularmaschinen produziert, wie sie Drexler und seine Techniker am Ende des 20. Jahrhunderts vorgestellt hatten.

Es waren nicht nur die Techniker, Wissenschaftler und Science-fiction-Autoren, die vom solaren Segel im Raum sprachen. Um 1980 hatte sich in Paris der Künstler Pierre Comte mit Experten der Raumfahrt beraten, wie es zu einem künstlerischen Dialog zwischen Erde und Weltraum mit Hilfe von Solargleitern kommen könnte. Die Sonne war auch hier der Energielieferant, wie bei den amerikanischen Projekten [Abb. 39]. An Pierre Comte hatte man sich

Abb. 39 Pierre Comte, *ARSAT-Helios,* Solargleiter, Simulation 1983. Der französische Künstler-Forscher stellte damit das gemeinsam mit Ingenieuren und Technikern entwickelte Projekt einer ARSAT-Reihe (aus: Art und Satellite) von weltraumbezogenen Kunstwerken vor. Der ultraleichte Raumgleiter soll seine endgültige Form durch Polymerisation (Molekülentwicklungen) im Weltraum erhalten. *(Foto: P. Comte)*

bei der Vorbereitung zum Energiepark Berlin 2010 gewandt. Seine Konzeption ist aufregend, groß gedacht, neuartig: Ein terrestrischer Typ des riesigen Solargleiters ist über dem Flughafensee in der Nähe des Tegeler Sees geplant und mittlerweile ausgeführt worden. Pylonen aus Edelstahl tragen ein äußerst feinmaschiges Netz, das an verschiedenen weiteren Punkten an zeppelinähnlichen Flugobjekten befestigt ist, die ihrerseits mit Solarzellen zur Navigation ausgerüstet sind. Die für das bloße Auge völlig unsichtbaren Molekularmaschinen erzeugen in dem

Netz eine dünne Energiehaut. Es wird nach einiger Zeit zu einem Solar- oder Lichtsegel.

Überhaupt ist der Energiepark 2010 zu einem Feuerwerk an neuen Lichtmembranen, Lichtwänden, Lichthäuten geworden. Hier kommen die Ideen und Forschungen von drei Generationen schöpferischer Architekten, Biologen, Künstler in Anwendung. Es ist nahezu vier Jahrzehnte her, daß der Architekt Frei Otto im Rahmen eines Kolloquiums über Pneus in Natur und Technik feststellte, daß mit den pneumatischen Membrankonstruktionen ein Generalschlüssel zum Verständnis aller Formen und Konstruktionen der lebenden Natur gefunden sei. Die Natur hielt im wörtlichen Sinn Einzug ins Bauen. Pierre Comtes Solarsegel über dem Flughafensee erweitert und bestätigt diesen Weg. Übrigens verbindet er auch visuell, strukturell und empirisch die neuen Energiehäute mit den glas- und segelbedeckten Dachzonen der Leichtbau-Architekten wie Frei Otto, die ab den 60er Jahren des 20. Jahrhunderts den Weg zu einer biosphärischen Architektur gewiesen hatten.

Neben dieser Architektur, die sich der Kraftfelder der Biosphäre wie Sonnenlicht, Temperaturschwankungen, Wind, Luft als Bau-, Energie- und Formaufgabe bewußt ist und sie einbezieht, neben ihr und vor allem mit ihr hat sich seit der Jahrtausendwende eine biosphärische Kunst profiliert. Der Energiepark 2010 in Berlin ist eine herausragende Plattform dieser Kunst geworden. Mein Bericht wird sich auf Kunstbeispiele konzentrieren, die das Thema einer licht- und solarbestimmten ästhetischen Forschung aufnehmen.

Die Kunst hatte sich bereits gegen Ende der 50er Jahre des 20. Jahrhunderts mit den elementaren Kräften des Kosmos verbunden. Die Vorläufer gar nicht mitgerechnet, die eine Veränderung der Atelierkunst ansagten, aber wegen politischer, wirtschaftlicher und technischer Blockaden nicht ausführen konnten. Ein Jahrzehnt nach Ende des Zweiten Weltkrieges waren Künstler und Architekten soweit, wieder einen Fluß kreativen Austausches zu bilden, weltweit, zumindest soweit es die sogenannten entwickelten Industrienationen betraf.

Die japanische Gutai-Gruppe beispielsweise multiplizierte in den 50er Jahren ihre Bilder mit dem Wind und malte diese Bilder auf Windfahnen, die gleichzeitig mit der erdgebundenen Ausstellung wie Luftsegler aufstiegen. In Gelsenkirchen, noch geprägt durch die Arbeitsstätten der fossilen Energiegewinnung, schrieben Yves Klein und Werner Ruhnau 1958/59 ein Manifest zur Immaterialisierung der Kunst, in dem es heißt: „Die Wände aus Feuer von Yves und Wände aus Wasser von Kricke sind im Verein mit den Dächern aus Luft Bausteine der neuen Architektur. Mit den drei klassischen Elementen Feuer, Wasser und Luft würde die ‚klassische' Stadt von morgen gebaut werden, und sie wäre dementsprechend flexibel, geistig und immateriell."

Die Künstler Heinz Mack und Otto Piene begründeten um dieselbe Zeit in Düsseldorf den Aufbruch aus dem Atelier mit Licht, konkret mit Lichtstelen, Lichtballett, Lichtstationen in der Wüste oder im

Himmel. „Jetzt sind die Bilder nicht mehr Verliese, die den Geist und seinen Körper fesseln, sondern Spiegel, von denen Kräfte auf den Menschen übergreifen, Ströme, die sich frei im Raum entfalten, die nicht ebben, sondern fluten", schrieb Piene in der dritten Ausgabe von „Zero", und Mack: „Silberballone, die im Himmel schweben, tragen unsichtbare Netze, in denen lichtreflektierende Membranen aufgehängt sind. Der offene, nicht überschaubare Raum der Lichtdiffusion des Himmels gewinnt durch diese immateriellen Lichtträger eine unerwartete Artikulation."

Stationen einer biosphärischen Kunst

Für die Stationen einer biosphärischen Kunst im Berliner Energiepark 2010 auf dem Gelände des alten Flughafens Berlin-Tegel hatte man ab Mitte des ersten Jahrzehnts Ausschreibungen an Architekturfakultäten, Kunst- und Designschulen veranstaltet. Statt der renommierten Garde von Architekten wurden sie von Studierenden oder Ateliergemeinschaften entworfen. So war es zu einem intensiven Dialog und einer projektorientierten Auseinandersetzung der jungen Generation von Architekten mit den Pionieren der biosphärischen Kunst gekommen, deren Arbeiten in den Stationen beispielhaft gezeigt werden.

Die ausgeführten Stationen – man könnte auch von Pavillons sprechen –, architektonisch sehr unterschiedlich, was Baumaterial, Energiekonzept und

Abb. 40 Der amerikanische Architekt Joel H. Goodman geht mit seinen Entwürfen einer postfossilen Architektur davon aus, daß sich bereits die Trägerstruktur der Gebäude den erneuerbaren Energien entsprechend entfalten muß. Im abgebildeten Modell entwickelt er das Prinzip einer solaren Schale, verstanden als ein Sonnenkollektor aus zwei Grundteilen: einem stationären, reflektierenden Konzentrator und einem Licht-Empfänger im Inneren, der beweglich ist. *(Foto: J. H. Goodman)*

Gestalt betrifft, sind als künstlerische Highlights in den Energiepark 2010 eingestreut. Sie knüpfen ein Netzwerk von Informationen und Erlebnissen. Beides ist wesentlich: Kenntnis zu erhalten, wie Künstler sich im 20. Jahrhundert mit den elementaren Kräften der Biosphäre verschwistern und damit auch den Weg zu einer kulturellen Begründung des Solarzeitalters legen; und Erlebnis hervorzurufen, unmittelbare Erfahrung mit allen Sinnen zu ermöglichen – dem visuellen, haptischen und akustischen Sinn [Abb. 40].

So ist im Energiepark 2010 beispielsweise eine Station mit Spiegelmaterial belegt, das eine irritierende

Sicht der außen aufgestellten Lichtskulpturen hervorruft. Je nach Sonneneinfall und Sonnenstand wird das Licht auf die Spiegel gelenkt, bricht sich dort und reflektiert zurück auf die Skulptur. Eine andere Station zeigt durch ihre gläserne Haut Einblicke ins Innere. Nur bei zunehmender Wärmeeinstrahlung verfärbt sich die Glashaut in ein tiefes Blau, ermöglicht aber am Morgen und ab dem Abend einen Blick auf die Exponate und Informationen im Inneren. Diesen Zugang hat man auch bei einer weiteren Station, deren Gebäudehaut aus großformatigen Hologrammen gebildet ist. Ebenfalls entsprechend dem Sonnenlichteinfall legt sich hier eine komplexe Vielzahl von Bildschichten über die im Inneren sichtbaren Installationen.

Unter den Zehntausenden Besuchern, die täglich den Energiepark 2010 besuchen, sind viele, die sich mit jeweils einer Station biosphärischer Kunst auseinandersetzen. Dem kommt entgegen, daß die Stationen ein ständig wechselndes Angebot vermitteln, wie Gesichter, die auf Licht wie auf Ereignisse unterschiedlicher Art reagieren. Während die holographische Haut der genannten Station sich bei voller Sonneneinstrahlung entfaltet, wird die aus filmisch bewegten Bildern entstehende Medienhaut einer anderen Station erst ab der Dämmerung erlebbar. Immer sind diese Stationen Hinweise darauf, daß auch die Kunst intensiv auf den neuen Umgang mit elementaren Energien vorbereitet ist, der seit der Jahrtausendwende eingesetzt hat.

Energiemaschinen: Baupläne der Pflanzen, Kristalle, Mollusken

Wie bei dem Begriff der Molekularmaschine hat sich auch bei dem der Energiemaschine eine völlig andere Bedeutung an das Wort Maschine gekoppelt. Energiemaschinen können Membranen sein, die sich zielgerichtet unter dem Einfluß des natürlichen kosmischen Lichtes aufbauen, die Licht als Energievorrat speichern und verteilen. Zwar ist ihr Bauplan das Ergebnis menschlicher Erfindung, er lehnt sich jedoch an Energie- und Bauprozesse aus der Natur an. Und das aus drei Bereichen, die allesamt in ihrer material- und formbildenden Struktur für Solarskulpturen grundlegend wurden: dem Bereich der Pflanze und Blume; dem Bereich der Kristalle und dem der Mollusken, also der Schnecken und Muscheln.

Ich erinnere mich an einen Oktobertag im Jahr 1987, an dem ich von meinem Hotel in Cambridge, USA, auf die Verfärbungen des Indian Summer an den Bäumen blicke und aus ihnen heraus Solarskulpturen entwickle. Wie Bäume mit ausladenden Ästen, so sind die Energieskulpturen mit Vorrichtungen zur Energieaufnahme besetzt. Ich stelle mir neuartige Solarzellenanordnungen vor: Sie gehen weg vom rechteckigen zum runden oder hyperbolischen Verbund. Die Solarzellen sind farbig und führen die gestalterischen Einsätze wesentlich weiter, als es in der Zeit noch mit der blauen Siliziumzelle praktiziert wurde. Aus den solaren Rondellen entstehen Skulpturen wie aufgeblühte Rosen [Abb. 41]. Zehn Jahre später kommen erste farbige Solarzellen auf den Markt, die Aus-

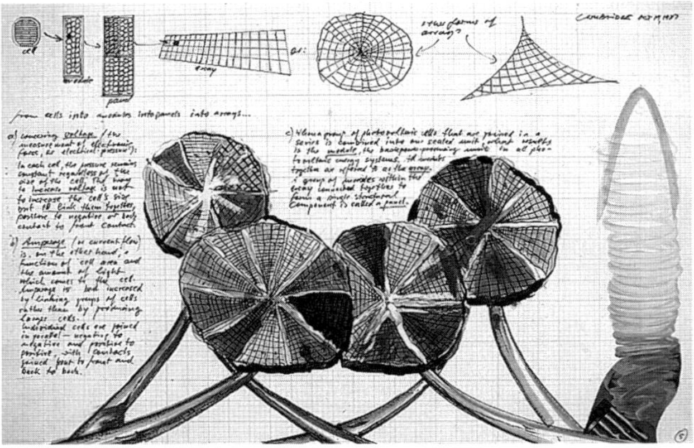

Abb. 41 Jürgen Claus, Entwurf von neuen Solarzellen-Modulen, 1987.

wahl an Farbe ist aber noch immer begrenzt, erst mit Einsatz der Solarprogramme um das Jahr 2005 wird die Palette breiter, die Form variabler.

Immer ist es die Pflanze, genauer noch: das Blatt, das die Forscher zu noch genaueren Studien der Wirkweisen von molekularen Prozessen bei der Energieumwandlung antreibt. Ich setzte auf Zusammenarbeit mit ihnen, weil sie zur vertieften Verständigung über das Licht und sein Wirken führt. Resümiere ich etwa Gespräche mit Helmut Tributsch in seiner Abteilung für solare Energetik am Berliner Hahn-Meitner-Institut, dann habe ich dort die Wichtigkeit erfahren, neuartige, extrem stark lichtabsorbierende Membranen zu entwickeln, wobei die molekularen Prozesse zugrunde gelegt wurden, die die Natur perfektioniert hat. Es war um die Mitte der siebziger Jahre des 20. Jahrhunderts gelungen, über den Prozeß der „spektralen Sensibilisierung“ mit Hilfe von Farbstoffen wie Chlorophyll in photoelektrochemischen Zellen Lichtenergie in elektrische Energie umzuwandeln. Lichtquellen quasi organischer Art wurden in die solaren Skulpturen eingeplant. Das Licht ist neben seiner Funktion als Beleuchtung auch ein Indikator von Umweltdaten. Je nach dem aktuellen Vorhandensein bestimmter Strahlungsfrequenzen übernimmt die Skulptur andere Parameter aus Farbe, Oberflächenveränderung, Schrumpfung und/oder Wachstum. Dazu ist der Klang als Kosmos der Klänge an die eintreffenden Lichtquanten gebunden.

Eine Skulptur, die Solar-Blume, sei kurz beschrieben: Sie geht in ihrer Form zurück auf eine blühende Pflanze. Die auf einer Säule wie auf einem Stengel sich erhebenden farbigen Flügelformen öffnen und schließen sich, Blütenblättern ähnlich, je nach der solaren Energieversorgung durch die Solarmodule, die man als Blätter sehen kann. In die Flügelformen der Skulptur sind Planeten-Symbole eingearbeitet. Sie sollen dazu anregen, den kosmischen Bezug des Pflanzenwachstums neu zu entdecken.

Neben der Energiemaschine Blatt, Pflanze oder Blume sind es Kristalle, die für einige Solarskulpturen im Berliner Energiepark 2010 zum Auslöser wurden. Ausgangspunkt für die Praxis sind die Bildung fließender Stoffe in erfahrbare, berechenbare, erlebbare geometrische Körper und die Überlegung, wie diese Prozesse in solare Skulpturen einzubringen sind. Überdies ergeben die Rhomben, Oktaeder,

Würfel und andere Kristallkörper exemplarische Formationen einer Skulptur. Schließlich ist der interne Bezugspunkt im Zeitalter der Speicherzellen das Siliziumkristall.

Für den Berliner Energiepark 2010 wurde eine Kristallandschaft entworfen, die mehrere Kristallformen einbezieht. Dazu gehört Galenit (Bleiglanz) mit seinen Hexaedern, Oktaedern und deren Kombinationen. In der Hauptsache sind die skulpturalen Formen auf den Quarz bezogen mit seinen prismatischen, dipyramidalen, kubischen Formen, auf den Bergkristall, Amethyst, Rauch- und Rosenquarz. Die Oberflächen sind, soweit dem Licht der Sonne ausgesetzt, Energielieferanten; sie haben integrierte farbige Solarzellen. Aus der Tiefe der Kristallandschaft erstrahlt ab Beginn der Dämmerung eine Skala an Lichttönen von Cremefarben, Orange, Grünlich, Hell- und Dunkelviolett oder Hellbraun und Rosig. In solartechnischer Hinsicht wurden in den letzten Jahren neben den Siliziumsolarzellen vor allem die anderen Halbleiter-Kristalle wie Gallium-Arsenid und seine Verwandten zur Energiegewinnung eingesetzt, die Strom direkt in Licht verwandeln können.

Skulpturen wie Mollusken

Ich habe häufig die Energiemaschine mit der Morphologie der Muscheln und Schnecken verglichen. Das Erstaunlichste am Bauwesen der Mollusken, über unbegreifliche Zeiträume von Jahrmillionen ausgebildet, ist es, wie eine reich an Gefäßen ausgestattete Membran, der sogenannte Mantel, das Material zum Bau des Gehäuses erstellt, eine dünne Schicht von Conchyolin, genannt Periostrakum. Schicht auf Schicht wird aufgetragen, bis eine erhärtende Bauform entsteht. Dazu gelangen Pigmente aus dem Mantelrand in das sich noch bildende Kleinstbauwerk, in ihrer Intensität gesteuert durch Umweltfaktoren, aber auch die Zufuhr von Nahrung. Der Philosoph Gaston Bachelard zählte die Muschel-Bauweisen zu den Traum-Ideen: „Es gibt Ideen, die träumen"; dazu zählte „die Muschel als deutlichstes Zeugnis für die formenbildende Kraft des Lebens. Demgemäß hat alles, was Form besitzt, eine Muschel-Ontogenese".

Die Energiemaschine macht sich die Morphologie der Muscheln und Schnecken zunutze. Zunächst wurden an weit auseinanderliegenden Punkten im Energiepark 2010 Wachstumsformen implantiert. Konkret: Die Vorgabe für die späteren solaren Molluskenskulpturen sind Mikroskulpturen, die allerdings mit den Organen für Wachstum ausgestattet wurden. Das alles geschah etwa drei Jahre vor Eröffnung des Parks, Zeit genug, um die Skulpturen im Licht der Sonne wachsen zu lassen. Das Solarzeitalter hatte einige weitere Symbole aus dem Bereich der Kunst erhalten.

Die kulturelle Entscheidung

Zurück zur solaren Realität des Jahres 1997, dem Jahr des Enstehens dieses Buches. Diese Realität ist von

Berg- und Talfahrten politischer, technischer, gesellschaftlicher, ökonomischer und kultureller Veränderungen geprägt, als Ganzes aber nicht ohne Hoffnung auf Weiterentwicklung kleinerer Prototypen und Modelle. Vieles ist bisher nur Ankündigung und droht, wieder zurückgenommen zu werden.

Der wichtige Punkt einer Großherstellung von Solarzellen scheint nunmehr offensiv angegangen zu werden. So wurden zwei Produktionsanlagen für Solarzellen gegen Ende 1997 beschlossen: im nordrhein-westfälischen Gelsenkirchen und im bayerischen Alzenau. In beiden Fällen wird staatliche Unterstützung und Firmenengagement zusammengeführt, was zu einer Gesamtproduktion von fast 40 Megawatt führen kann - ein Drittel der Weltnachfrage. Konkret sollen in Gelsenkirchen ab 1999 von Shell und Pilkington 25 Megawatt Solarzellenkapazität produziert werden, in Alzenau von der RWE-Tochter ASE 13 Megawatt. Daß solche Projekte auch das „Kulturelement Sonne" einbeziehen, ja sogar forcieren können, beweist das „BIMODE"-EU-Projekt, in dem die künstlerische, ästhetische Gestaltung der kommenden Solarzellengeneration von Beginn an integriert ist.

Die kulturelle Entscheidung für ein mögliches solares Zeitalter schließt eine Vielzahl von Entscheidungen der Gesellschaftspolitik wie der Ökonomie ein, da beide kulturelle Elemente beinhalten. Es handelt sich nicht um einem linearen Entscheidungsvorgang, sondern um einen vielfach verknüpften. Im solaren Kontext zu arbeiten, führt von der allgemeinen Überzeugung, an der Schwelle eines möglichen solaren Zeitalters zu stehen, zur Praxis, zur Darstellung und Herstellung konkreter Modelle, Prototypen und symbolischer Formen; von dort dann wiederum zur theoretisch-grundsätzlichen Auseinandersetzung. Es ist dieses qualitativ hoch angesiedelte Wechselspiel zwischen theoretischer und praktischer Leistung, die den kulturellen Maßstab für ein solares Zeitalter setzt.

Baukasten zur Solarliteratur

Dieser Baukasten enthält die Quellen der im Buch zitierten Passagen, führt aber darüber hinaus zu weiteren wichtigen Publikationen.

Solare Strategien

Gregory Bateson, Ökologie des Geistes. Suhrkamp Verlag, Frankfurt/M. 1981

Wolfgang Bittner, Grünes Geld & Es ist ein Anfang, Spiegel special Öko-Bilanz 95

Fritjof Capra, Das Neue Denken. Scherz Verlag, München, Bern, Wien 1987 (vgl. 6. Teil: Hazel Henderson – Kritik der Ökonomie)

Mihaly Csikszentmihalyi, Kreativität. Wie Sie das Unmögliche schaffen und Ihre Grenzen überwinden. Klett-Cotta, Stuttgart 1996

Gottlieb Duttweiler (Hg.), Die Sonne. Hanns Reich Verlag, München 1962

Eurosolar, Die Europäische Solar Energie Charta, Zeitschrift Solarzeitalter, 1, 1996

Leo Frobenius, Paideuma. Umrisse einer Kultur- und Seelenlehre. Beck Verlag, München 1921

Leo Frobenius, Vom Kulturreich des Festlandes. Dokumente zur Kulturphysiognomik. Wegweiser-Verlag, Berlin 1923

Leo Frobenius, Paideuma. Erlebte Erdteile. Bd. IV. Societätsdruckerei, Frankfurt/Main 1928

Hazel Henderson, Creating Alternative Futures. New York 1978

Hazel Henderson, The Politics of the Solar Age. New York 1981

Hazel Henderson, Das Ende der Ökonomie. Goldmann, München 1987
Interview mit Hazel Henderson, „To Stitch the World Bank Together Again“, von David Kupfer, Whole Earth Review, Nr. 86, Herbst 1995

S. Kohler, J. Leuchtner, K. Müschen, Sonnenenergie-Wirtschaft. Eine Publikation des Öko-Instituts Freiburg/Br., S. Fischer Verlag, Frankfurt/M. 1987

Peter C. Mayer-Tasch, Schon wieder mischen sie Beton... TEXTE+THESEN, Bd. 257, Edition Interfrom, Osnabrück, Zürich 1994

Michael Meliß, Reglob 97 - Globale Betrachtung regenerativer Energieressourcen und ihrer technischen Nutzungsmöglichkeiten. Solar-Institut Jülich 1997

Pro Solar Dillingen, Programmheft 1995

Jeremy Rifkin, Biosphere Politics. A Cultural Odyssey from the Middle Ages to the New Age. Crown, New York 1991

Hermann Scheer (Hg.), Die gespeicherte Sonne. Wasserstoff als Lösung des Energie- und Umweltproblems. Serie Piper, Bd. 828, München, Zürich 1987

Hermann Scheer, Sonnen-Strategie. Politik ohne Alternative. Piper, München, Zürich 1993

Hermann Scheer, Zurück zur Politik. Die archimedische Wende gegen den Zerfall der Demokratie. Piper, München 1995
Scheer im Internet: http://www.eurosolar.org

Sibylle und Jörg Schlaich, Erneuerbare Energien nutzen. Werner-Verlag, Düsseldorf 1991

Robert Seitschek, Helios – Mythos der Sonne. Jugend und Volk Verlagsgesellschaft, Wien, München 1989

The Smithsonian Book of the Sun. Fire of Life. Smithsonian Exposition Books, Distributed by W.W.Norton & Company, New York, London 1981

Oswald Spengler, Der Untergang des Abendlandes. Umrisse einer Morphologie der Weltgeschichte. dtv, München 1972, 2. Bd. (Erstausgabe: 1923)

William I. Thompson, Die pazifische Herausforderung. Re-Vision des politischen Denkens. Dianus-Trikont Buchverlag, München 1985

Time-Life-Buch, Die Sonne. Reihe: Reise durch das Universum. Dt. Ausgabe: 1990 (Amerikanisches Original: Time-Life-Books Inc. 1990)

Helmut Tributsch, Naturvorbilder: Herausforderung für solares und energieeffizientes Bauen, das Bauzentrum 6, Verlag Das Beispiel, Darmstadt 1992;

Helmut Tributsch, Wohnen mit der Sonne: Wohin führt uns die Solarenergieforschung, in: Michael Knoll, Rolf Kreibich (Hrsg.), SolarCity. Beltz Verlag, Weinheim, Basel 1992

Helmut Tributsch, Bionik solarer Energieprozesse und andere Beiträge, 2. Bionik-Kongreß Saarbrücken, Bionik-Report 9. Gesellschaft für Technische Biologie und Bionik, Universität des Saarlandes, 1995

Helmut Tributsch, Von der Solarzelle zum Solarsystem, in: Astrid Schneider (Hg.) und Focus Film, Solararchitektur für Europa. Birkhäuser Verlag, Basel, u. a. 1996

Vladimir' Vernadsky, The Biosphere. Synergetic Press, Oracle, Arizona 1986 (Russische Originalausgabe des Buches: 1926; vierte russische Ausgabe als Teil seiner Ausgewählten Werke bei Mysl, Moskau 1967)

Solare Architektur

Arch+, Solare Architektur, Aachen/Berlin, Nr. 126, April 1995

Gaston Bachelard, Poetik des Raumes. Ullstein Buch Nr. 3136, Frankfurt/M. 1975

Sophia und Stefan Behling, Sol Power. Die Evolution der solaren Architektur. Prestel-Verlag, München 1996

Adolf Behne, Gedanken über Kunst und Zweck, dem Glashause gewidmet, in: Kunstgewerbeblatt, Jg. 27, Neue Folge 1915/16, Heft 1

Andrea Compagno, Intelligente Glasfassaden - Intelligent Glass Facades. Artemis Verlag, Zürich 1995

Rolf Disch, Heliotrop. Ein Hauskonzept der Zukunft. Informationsbroschüre, Freiburg/Breisgau 1995

John Frazer, An Evolutionary Architecture. Architectural Association, London 1995

Thomas Herzog (Hg.), Solar Energy in Architecture and Urban Planning. Prestel-Verlag, München 1996

Othmar Humm, Peter Toggweiler, Photovoltaik und Architektur - Photovoltaics in Architecture. Birkhäuser Verlag, Basel 1993

Charles Jencks, Architecture 2000: Predictions and Methods. Studio Vista, London 1971

Friedrich Kiesler, Design Correlation, in: Architectural Record, Mai 1937

Michael Knoll, Rolf Kreibich, Solar-City. Sonnenenergie für die lebenswerte Stadt. Zukunftsstudien, Bd.5, Beltz Verlag, Weinheim, Basel 1992

Ralph L. Knowles, Sun Rhythm Form. The MIT Press, Cambridge, MA 1981

LOG ID, Grüne Archen. In Harmonie mit den Pflanzen leben. Fricke Verlag, Frankfurt/M. o. J.

Frei Otto, Das Ästhetische, in: Mitteilungen des Instituts für leichte Flächentragwerke, Universität Stuttgart, Heft 21, 1979

Frei Otto, Die Forschungsgruppe Biologie und Bauen, wiederabgedruckt in: Frei Otto, Schriften und Reden 1951–1983. Friedr. Vieweg & Sohn, Braunschweig, Wiesbaden 1984

Renzo Piano, Out of the Blue. Ausstellungsbuch, Kunst- und Ausstellungshalle der Bundesrepublik Deutschland, Bonn 1997

Hermann Scheer, Solare Perspektiven für die Kohleregionen, Zeitschrift Solarzeitalter, 1, 1997

Paul Scheerbart, Glasarchitektur. Rogner & Bernhard, München 1971

Astrid Schneider (Hg.) und *Focus Film*, Solararchitektur für Europa. Birkhäuser Verlag, Basel 1996

Dennis Sharp, Modern Architecture and Expressionism. London 1966

Rudolf Steiner, Der Baugedanke von Dornach. Philosophisch-anthroposophischer Verlag am Goetheanum, Dornach 1942

Steven J. Strong, mit *William G. Scheller*, The Solar Electric House. Rodale Press, Emmaus, Pennsylvania 1987
Bruno Taut, Zeitschrift Frühlicht, 14 Hefte, Beilage zu Stadtbaukunst alter und neuer Zeit, 1920; neue Reihe, 4 Hefte, 1921-22, Magdeburg. Neuausgabe: Frühlicht. Ullstein Bauwelt Fundamente, Bd. 8, Frankfurt/M., Wien 1963

Solares Design

Carlo Böcklin, Ferdinand Runkel, Neben meiner Kunst. Flugstudien, Briefe und Persönliches von und über Arnold Böcklin. Vita, Deutsches Verlagshaus, Berlin 1909
Dieter Bogner (Hg.), Friedrich Kiesler. Löcker Verlag, Wien 1988
Richard Buckminster Fuller, Die Aussichten der Menschheit 1965-1985. Edition Voltaire, Frankfurt/M. und Berlin 1968
Richard Buckminster Fuller, Erziehungsindustrie. Edition Voltaire, Frankfurt/M. und Berlin 1970
Richard Buckminster Fuller, Tetrascroll - Goldlöckchen und die drei Bären. Ein Märchen erklärt die moderne Weltsicht im Raumzeitalter. DuMont Buchverlag, Köln 1983
Richard Buckminster Fuller, Cosmography. A Posthumous Scenario for the Future of Humanity. Macmillan Publishing Company, New York 1992
R.B.F. im Internet: http://www.teleport.com/~pdx4d/synhome.html
Daimler-Benz Aerospace (Hg.), Cryoplane. A Russian-German Cooperative Project. Cryogeni-Fuel Aircraft, Hamburg o. J.
Daimler-Benz Aerospace (Hg.), Cryoplane. Do 328 Wasserstoff-Demonstrator, Berlin Mai 1996
Tobias Cottmann, Flieger, grüß mir die Sonne, Zeitschrift Solarzeitalter, Bonn, 1/97
Felix Philipp Ingold, Literatur und Aviatik. Suhrkamp Taschenbuch 576, 1980
Maurice Maeterlinck, Die Intelligenz der Blumen. Eugen Diederichs, Jena 1924
Victor Papanek, Design for the Real World - Human Ecology and Social Change, Second Edition, Thames and Hudson Ltd., London 1985
Christian Schaffrin, Alecsei Sorokin, Solarbetriebene Boote für Venedig, Zeitschrift Solarzeitalter, 3/1996
Solar-Fabrik Freiburg, im Internet: http://www.solar-fabrik.de
Wladimir Tatlin, Kunst mündet aus in Technik, Ausstellungskatalog Wladimir Tatlin, Kunstverein München, 1970

Nancy Jack Todd, John Todd, From Eco-Cities to Living Machines. Principles of ecological Design. North Atlantic Books, Berkeley, CA 1994
Helmut Tributsch, Bionik solarer Energiesysteme, Biona-report, Stuttgart, Jena, New York, 9, 1995
Bill Tuckey, Sunraycer. Chevron Publishing Group, Hornsby (Australien) 1989
Hans Queisser, Kristallene Krisen. Piper, München 1985

Solare Kunst

Jürgen Claus, Umweltkunst - Aufbruch in neue Wirklichkeiten. TEXTE+THESEN, Bd.151, Edition Interfrom, Osnabrück, Zürich 1982
Jürgen Claus, Das elektronische Bauhaus - Gestaltung mit Umwelt. TEXTE+THESEN, Bd. 204, Edition Interfrom, Osnabrück, Zürich 1987
Jürgen Claus, SonnenMeer, herausgegeben von Heiner Stachelhaus. Wienand Medien, Köln 1995
Jürgen Claus, SolArt Global Network, Leonardo, MIT-Press, Cambridge, MA, Vol. 28,1995, Nr. 2,3,4; Vol. 29, Nr. 1
SolArt im Internet: http://www.khm.de/~SolArt
Pierre Comte, space art, Informationsbriefe, Eigenverlag Paris (ab 1980er Jahren)
Pierre Comte, The Arsat Saga: The Adventures of an Art-Science Space Concept, Leonardo journal, Bd. 26, Nr. 1, 1993
Dale Eldred, Sun Structures, Katalog Sky Art Conference '81, Center for Advanced Visual Studies/MIT, Cambridge, Massachusetts, 1981
Dale Eldred, Ausstellungskatalog Helsinki, Helsingin kaupungin taidemuseo und Helsingfors stads konstmuseum, 1982
Peter Erskine, Ausstellungskatalog Secrets of the Sun - Millenial Meditations, Rom 1992
Elizabeth Goldring, Desert Sun/Desert Moon and the Sky Art Manifesto, Leonardo journal, Bd. 20, Nr. 4, 1987
Hazel Henderson, Die Entstehung postökonomischer Paradigmen und ihr Einfluß auf eine postindustrielle Welt, in: H.-P. Dürr, W. Ch. Zimmerli (Hg.), Geist und Natur. Scherz Verlag, Bern, München, Wien 1989
Paul Konrad Hoenich, Sonnenmalerei. Idee - Versuch / Sun-Painting. Idea - Experiment. Verlag M. DuMont Schauberg, Köln 1974
Paul Konrad Hoenich, Light-Symphony No. 1. An experiment in four-dimensional art. Technion, Israel Institute of Technology, Haifa 1979

Yves Klein/Werner Ruhnau, Dokumentation der Zusammenarbeit in den Jahren 1957–1960, zusammengestellt von Heiner Stachelhaus. Verlag Aurel Bongers, Recklinghausen 1976
Thomas A. Lindsey, Solarworks. A Schematic Study for a Collaborative Project. Eigenverlag, Seattle, USA 1995
Alex und Martha Nicoloff, Artist's Note - Reflections on Refractions: Kinetic Light-Painting-Music in the Solar Spectrum, Leonardo, Bd. 25, Nr. 2, 1992
Otto Piene, Heinz Mack, Zero, Vol. 3, Düsseldorf 1961
Otto Piene, Sky Art, Ausstellungskatalog ars electronica, Linz 1982

Personenregister

Fremdsprachige Begriffe und Institutionen sind im Personen- und Sachregister, dem Buchtext folgend, kursiv gesetzt.

Sachregister

TEXTE + THESEN

AUSWAHL LIEFERBARER TITEL

Politik/Zeitgeschehen

Arnim, Hans Herbert von
Macht macht erfinderisch
Der Diätenfall: ein politisches Lehrstück
ISBN 3-7201-5214-6
DM 14,-/öS 102,-/sFr 14,-

Behrens, M./Rimscha, R. von
Gute Hoffnung am Kap?
Das neue Südafrika
ISBN 3-7201-5258-8
DM 22,-/öS 161,-/sFr 22,-

Erffa, Wolfgang von
Das unbeugsame Tibet
Tradition · Religion · Politik
ISBN 3-7201-5245-6
DM 14,-/öS 102,-/sFr 14,-

Heck, Bruno
Vaterland Bundesrepublik?
ISBN 3-7201-5174-3
DM 14,-/öS 102,-/sFr 14,-

Hellmer, Joachim
Anpassung oder Widerstand?
Der Bürger als Souverän –
Grenzen staatlicher Disziplinierung
ISBN 3-7201-5201-4
DM 14,-/öS 102,-/sFr 14,-

Hunziker, Ernst
Das Weltliche im Islam
Die Macht des Fundamentalismus
ISBN 3-7201-5264-2
DM 32,-/öS 234,-/sFr 32,-

Hunziker, Ernst
Zwischen Allah und Arafat
Palästinenser und die Versöhnung
ISBN 3-7201-5268-5
DM 29,-/öS 212,-/sFr 29,-

Jäger, Wolfgang
Wer regiert die Deutschen?
Innenansichten der Parteiendemokratie
ISBN 3-7201-5251-0
DM 22,-/öS 161,-/sFr 22,-

Kane-Berman, John
Südafrikas verschwiegener Wandel
ISBN 3-7201-5240-5
DM 22,-/öS 161,-/sFr 22,-

Kirsch, Botho
Das verlorene Sowjetparadies
Rußland zwischen Frust und Aufbruch
ISBN 3-7201-5259-6
DM 22,-/öS 161,-/sFr 22,-

Kromka, F./Kreul, W.
Unternehmen Entwicklungshilfe
Samariterdienst oder die Verwaltung
des Elends?
ISBN 3-7201-5235-9
DM 14,-/öS 102,-/sFr 14,-

Kühnhardt, L./Pöttering, H.-G.
Europas vereinigte Staaten
Annäherungen an Werte und Ziele
ISBN 3-7201-5237-5
DM 14,-/öS 102,-/sFr 14,-

Kühnhardt L./Pöttering, H.-G.
Weltpartner Europäische Union
ISBN 3-7201-5252-9
DM 22,-/öS 161,-/sFr 22,-

Langguth, Gerd
Der grüne Faktor
Von der Bewegung zur Partei?
ISBN 3-7201-5169-7
DM 14,-/öS 102,-/sFr 14,-

Laufer, Heinz
Bürokratisierte Demokratie
ISBN 3-7201-5157-3
DM 14,-/öS 102,-/sFr 14,-

Lendvai, Paul
Das einsame Albanien
Reportage aus dem Land der Skipetaren
ISBN 3-7201-5177-8
DM 14,-/öS 102,-/sFr 14,-

Lendvai, Paul
Das eigenwillige Ungarn
Von Kádár zu Grósz
ISBN 3-7201-5195-6
DM 14,-/öS 102,-/sFr 14,-

Löw, Konrad
Im heiligen Jahr der Vergebung
Wider Tabu und Verteufelung der Juden
ISBN 3-7201-5241-3
DM 14,-/öS 102,-/sFr 14,-

Lübbe, Hermann
Freiheit statt Emanzipationszwang
Die liberalen Traditionen und das Ende der marxistischen Illusionen
ISBN 3-7201-5233-2
DM 14,-/öS 102,-/sFr 14,-

Lübbe, Hermann
Hintergrundphilosophie
Über deutsche Denk- und Merkwürdigkeiten
ISBN 3-7201-5273-1
DM 22,-/öS 161,-/sFr 22,-

Mensing, Wilhelm
Nehmen oder Annehmen
Die verbotene KPD auf der Suche nach politischer Teilhabe (Bd. 1)
ISBN 3-7201-5220-0
DM 14,-/öS 102,-/sFr 14,-

Mensing, Wilhelm
Wir wollen unsere Kommunisten wieder haben ...
Demokratische Starthilfen für die Gründung der DKP (Bd. 2)
ISBN 3-7201-5221-9
DM 14,-/öS 102,-/sFr 14,-

Müller, Christian
Europa von der Befreiung zur Freiheit
Der Epochenwechsel aus Schweizer Sicht
ISBN 3-7201-5248-0
DM 14,-/öS 102,-/sFr 14,-

Nenning, Günther
Die Nation kommt wieder
Würde, Schrecken und Geltung eines europäischen Begriffs
ISBN 3-7201-5231-6
DM 14,-/öS 102,-/sFr 14,-

Oberreuter, Heinrich
Parteien – zwischen Nestwärme und Funktionskälte
ISBN 3-7201-5165-4
DM 14,-/öS 102,-/sFr 14,-

Oberreuter, Heinrich
Stimmungsdemokratie
Strömungen im politischen Bewußtsein
ISBN 3-7201-5205-7
DM 14,-/öS 102,-/sFr 14,-

Opitz, Peter J.
Gezeitenwechsel in China
Die Modernisierung der chinesischen Außenpolitik
ISBN 3-7201-5238-3
DM 14,-/öS 102,-/sFr 14,-

Partsch, Karl Josef
Hoffen auf Menschenrechte
Rückbesinnung auf eine internationale Entwicklung
ISBN 3-7201-5253-7
DM 22,-/öS 161,-/sFr 22,-

Rother, Werner
Die Seele und der Staat
ISBN 3-7201-5218-9
DM 14,-/öS 102,-/sFr 14,-

Scheuch, Ute und Erwin K.
China und Indien
Eine soziologische Landvermessung
ISBN 3-7201-5196-4
DM 14,-/öS 102,-/sFr 14,-

Schlosser, Günter
Briefe vom Kap
Ein Deutscher über seine Wahlheimat Südafrika
ISBN 3-7201-5193-X
DM 14,-/öS 102,-/sFr 14,-

Schroeder, Peter W.
Europa ohne Amerika?
ISBN 3-7201-5230-8
DM 14,-/öS 102,-/sFr 14,-

Ströbinger, Rudolf
Poker um Prag
Die frühen Folgen von Jalta
ISBN 3-7201-5**181**-6
DM 14,-/öS 102,-/sFr 14,-

Weidenfeld, Werner
Ratlose Normalität
Die Deutschen auf der Suche nach sich selbst
ISBN 3-7201-5**172**-7
DM 14,-/öS 102,-/sFr 14,-

Wirtschaft/Soziales

Büscher, R./Homann, J.
Wandert die deutsche Wirtschaft aus?
Standortfrage Bundesrepublik Deutschland
ISBN 3-7201-5**215**-4
DM 14,-/öS 102,-/sFr 14,-

Büscher, R./Homann, J.
Supermarkt Europa
ISBN 3-7201-5**225**-1
DM 14,-/öS 102,-/sFr 14,-

Büscher, R./Homann, J.
Japan und Deutschland
Die späten Sieger?
ISBN 3-7201-5**229**-4
DM 14,-/öS 102,-/sFr 14,-

Fürstenberg, Friedrich
Wirtschaftsbürger in der Berufsgesellschaft?
ISBN 3-7201-5**271**-5
DM 22,-/öS 161,-/sFr 22,-

Hölder, Egon
Durchblick ohne Einblick
Die amtliche Statistik zwischen Datennot und Datenschutz
ISBN 3-7201-5**179**-4
DM 14,-/öS 102,-/sFr 14,-

Klauder, Wolfgang
Trotz Fleiß kein Preis?
Wege zu mehr Beschäftigung
ISBN 3-7201-5**272**-3
DM 22,-/öS 161,-/sFr 22,-

Kromka, Franz
Vitalreserven der Marktwirtschaft
ISBN 3-7201-5**265**-0
DM 22,-/öS 161,-/sFr 22,-

Rüthers, Bernd
Die offene ArbeitsGesellschaft
Regeln für soziale Beweglichkeit
ISBN 3-7201-5**186**-7
DM 14,-/öS 102,-/sFr 14,-

Rüthers, Bernd
Grauzone Arbeitsrechtspolitik
ISBN 3-7201-5**190**-5
DM 14,-/öS 102,-/sFr 14,-

Rüthers, Bernd
Wir denken die Rechtsbegriffe um…
Weltanschauung als Auslegungsprinzip
ISBN 3-7201-5**199**-9
DM 14,-/öS 102,-/sFr 14,-

Rüthers, Bernd
Das Ungerechte an der Gerechtigkeit
Defizite eines Begriffs
ISBN 3-7201-5**239**-1
DM 14,-/öS 102,-/sFr 14,-

Theobald, Adolf
Das Ökosozialprodukt
Lebensqualität als Volkseinkommen
ISBN 3-7201-5**185**-9
DM 14,-/öS 102,-/sFr 14,-

Gesellschaft/Leben

Baier, Horst
Ehrlichkeit im Sozialstaat
Gesundheit zwischen Medizin und Manipulation
ISBN 3-7201-5**207**-3
DM 14,-/öS 102,-/sFr 14,-

Baier, Horst
Gesundheit als Lebensqualität
Folgen für Staat, Markt und Medizin
ISBN 3-7201-5**270**-7
DM 22,-/öS 161,-/sFr 22,-

Brinkhoff, K.-P./Ferchhoff, W.
Jugend und Sport
Eine offene Zweierbeziehung
ISBN 3-7201-**5226**-X
DM 14,-/öS 102,-/sFr 14,-

Burens, Peter-Claus
Stifter als Anstifter
Vom Nutzen privater Initiativen
ISBN 3-7201-**5200**-6
DM 14,-/öS 102,-/sFr 14,-

Grupe, Ommo
Sport als Kultur
ISBN 3-7201-**5198**-0
DM 14,-/öS 102,-/sFr 14,-

Haag, Herbert
Bewegungskultur und Freizeit
Vom Grundbedürfnis nach Sport und Spiel
ISBN 3-7201-**5188**-3
DM 14,-/öS 102,-/sFr 14,-

Hammer, Felix
Antike Lebensregeln – neu bedacht
ISBN 3-7201-**5224**-3
DM 14,-/öS 102,-/sFr 14,-

Hammer, Felix
Lebensregeln der Renaissance neu bedacht
ISBN 3-7201-**5267**-7
DM 22,-/öS 161,-/sFr 22,-

Hofstätter, Peter R.
Bedingungen der Zufriedenheit
ISBN 3-7201-**5192**-1
DM 14,-/öS 102,-/sFr 14,-

Illies, Joachim
Theologie der Sexualität
Die zweifache Herkunft der Liebe
ISBN 3-7201-**5135**-2
DM 14,-/öS 102,-/sFr 14,-

Klages, Helmut
Wertedynamik
Über die Wandelbarkeit des Selbstverständlichen
ISBN 3-7201-**5212**-X
DM 14,-/öS 102,-/sFr 14,-

Klages, Helmut
Häutungen der Demokratie
ISBN 3-7201-**5246**-4
DM 22,-/öS 161,-/sFr 22,-

Lenk, Hans
Eigenleistung
Plädoyer für eine positive Leistungskultur
ISBN 3-7201-**5164**-6
DM 14,-/öS 102,-/sFr 14,-

Lenk, Hans
Die achte Kunst
Leistungssport – Breitensport
ISBN 3-7201-**5176**-X
DM 14,-/öS 102,-/sFr 14,-

Lenk, H./Pilz, G.
Das Prinzip Fairneß
ISBN 3-7201-**5222**-7
DM 14,-/öS 102,-/sFr 14,-

Meves, Christa
Werden wir ein Volk von Neurotikern?
Antrieb – Charakter – Erziehung
ISBN 3-7201-**5081**-X
DM 14,-/öS 102,-/sFr 14,-

Noelle-Neumann, Elisabeth
Werden wir alle Proletarier?
Wertewandel in unserer Gesellschaft
ISBN 3-7201-**5102**-6
DM 12,-/öS 88,-/sFr 12,-

Noelle-Neumann, Elisabeth
Eine demoskopische Deutschstunde
ISBN 3-7201-**5155**-7
DM 14,-/öS 102,-/sFr 14,-

Noelle-Neumann, Elisabeth
Demoskopische Geschichtsstunde
Vom Wartesaal der Geschichte zur Deutschen Einheit
ISBN 3-7201-**5242**-1
DM 22,-/öS 161,-/sFr 22,-

Noelle-Neumann, Elisabeth/
Maier-Leibnitz, Heinz
Zweifel am Verstand
Das Irrationale als die neue Moral
ISBN 3-7201-**5202**-2
DM 14,-/öS 102,-/sFr 14,-

Piel, Edgar
Im Geflecht der kleinen Netze
Vom deutschen Rückzug ins Private
ISBN 3-7201-5197-2
DM 14,-/öS 102,-/sFr 14,-

Rauschenbach, Brigitte
Deutsche Zusammenhänge
Zeitdiagnose als politische Psychologie
ISBN 3-7201-5266-9
DM 22,-/öS 161,-/sFr 22,-

Roegele, Otto B.
Neugier als Laster und Tugend
ISBN 3-7201-5142-5
DM 14,-/öS 102,-/sFr 14,-

Siemes, Wolfgang
Zeit im Kommen
Methoden und Risiken der magischen und rationalen Zukunftsschau
ISBN 3-7201-5228-6
DM 14,-/öS 102,-/sFr 14,-

Silbermann, Alphons
Der ungeliebte Jude
Zur Soziologie des Antisemitismus
ISBN 3-7201-5134-4
DM 12,-/öS 88,-/sFr 12,-

Silbermann, Alphons
Was ist jüdischer Geist?
Zur Identität der Juden
ISBN 3-7201-5167-0
DM 14,-/öS 102,-/sFr 14,-

Stalder, Heinz
Europa – ein Hemingwaygefühl
Abenteuernischen für Individualisten
ISBN 3-7201-5261-8
DM 22,-/öS 161,-/sFr 22,-

TEXTE + THESEN + VISIONEN
Experten im Dialog mit der Gegenwart
ISBN 3-7201-5250-2
DM 22,-/öS 161,-/sFr 22,-

Wulffen, Barbara von
Zwischen Glück und Getto
Familie im Widerspruch zum Zeitgeist?
ISBN 3-7201-5128-X
DM 14,-/öS 102,-/sFr 14,-

Wingen, Max
Kinder in der Industriegesellschaft – wozu?
Analysen – Perspektiven – Kurskorrekturen
ISBN 3-7201-5146-8
DM 14,-/öS 102,-/sFr 14,-

Wingen, Max
Nichteheliche Lebensgemeinschaften
Formen – Motive – Folgen
ISBN 3-7201-5171-9
DM 14,-/öS 102,-/sFr 14,-

Wissen/Kultur

Beinke, Lothar
Was macht die Schule falsch?
Positionen – Pädagogen – Bildungsziele
ISBN 3-7201-5236-7
DM 14,-/öS 102,-/sFr 14,-

Claus, Jürgen
Das elektronische Bauhaus
Gestaltung mit Umwelt
ISBN 3-7201-5204-9
DM 14,-/öS 102,-/sFr 14,-

Geus, Theodor, Hrsg.
So weit Europa reicht
Beziehungen und Begegnungen
ISBN 3-7201-5254-5
DM 22,-/öS 161,-/sFr 22,-

Hügler, Elmar
Anstiftung zur Vorspiegelung wahrer Tatsachen
ISBN 3-7201-5256-1
DM 22,-/öS 161,-/sFr 22,-

Huter, Alois
Zur Ausbreitung von Vergnügung und Belehrung...
Fernsehen als Kulturwirklichkeit
ISBN 3-7201-5211-1
DM 14,-/öS 102,-/sFr 14,-

Kepplinger, Hans Mathias
Ereignismanagement
Wirklichkeit und Massenmedien
ISBN 3-7201-5247-2
DM 22,-/öS 161,-/sFr 22,-

Lübbe, Hermann
Zwischen Trend und Tradition
Überfordert uns die Gegenwart?
ISBN 3-7201-5136-0
DM 14,-/öS 102,-/sFr 14,-

Oberreuter, Heinrich
Übermacht der Medien
Erstickt die demokratische Kommunikation?
ISBN 3-7201-5144-1
DM 14,-/öS 102,-/sFr 14,-

Piel, Edgar
Wenn Dichter lügen...
Literatur als Menschenforschung
ISBN 3-7201-5208-1
DM 14,-/öS 102,-/sFr 14,-

Reuhl, Günter
Kulturgemeinschaften
Vom Kräfteverhältnis zwischen Ideen und Institutionen
ISBN 3-7201-5217-0
DM 14,-/öS 102,-/sFr 14,-

Reumann, Kurt
Lesefreuden und Lebenswelten
ISBN 3-7201-5244-8
DM 22,-/öS 161,-/sFr 22,-

Rüegg, Walter, Hrsg.
Konkurrenz der Kopfarbeiter
Universitäten können besser sein: Ein internationaler Vergleich
ISBN 3-7201-5182-4
DM 14,-/öS 102,-/sFr 14,-

Ruß-Mohl, Stephan
Der I-Faktor
Qualitätssicherung im amerikanischen Journalismus – Modell für Europa?
ISBN 3-7201-5260-X
DM 32,-/öS 234,-/sFr 32,-

Seel, Wolfgang
Bildungs-Egoismus
Alle wollen mehr
ISBN 3-7201-5180-8
DM 14,-/öS 102,-/sFr 14,-

Zec, Peter
Informationsdesign
Die organisierte Kommunikation
ISBN 3-7201-5210-3
DM 14,-/öS 102,-/sFr 14,-

Natur/Umwelt

Claus, Jürgen
Kulturelement Sonne
Das solare Zeitalter
ISBN 3-7201-5274-X
DM 22,-/öS 161,-/sFr 22,-

Eberlein, Gerald L.
Maximierung der Erkenntnisse ohne sozialen Sinn?
Für eine wertbewußte Wissenschaft
ISBN 3-7201-5206-5
DM 14,-/öS 102,-/sFr 14,-

Hammer, Felix
Selbstzensur für Forscher?
Schwerpunkte einer Wissenschaftsethik
ISBN 3-7201-5162-X
DM 14,-/öS 102,-/sFr 14,-

Kienle, Paul
Forschung im Focus
Experimentalphysik zwischen Abenteuer und Anwendung
ISBN 3-7201-5249-9
DM 22,-/öS 161,-/sFr 22,-

Kienle, Paul, Hrsg.
Wie kommt man auf einfaches Neues?
Der Forscher, Lehrer, Wissenschaftspolitiker und Hobbykoch
Heinz Maier-Leibnitz
ISBN 3-7201-**5232**-4
DM 22,-/öS 161,-/sFr 22,-

Kreul, W./Weber, M.
Welthunger und Naturbewußtsein
ISBN 3-7201-**5263**-4
DM 22,-/öS 161,-/sFr 22,-

Kreul, Walter
Die Ernte der Agronomen
Landwirtschaft und Bauernstand
ISBN 3-7201-**5269**-3
DM 22,-/öS 161,-/sFr 22,-

Lindner, Roland, Hrsg.
Verspielen wir die Zukunft?
Gespräche über Technik und Glück
ISBN 3-7201-**5150**-6
DM 14,-/öS 102,-/sFr 14,-

Lindner, Roland, Hrsg.
Einfallsreiche Vernunft
Kreativ durch Wissen oder Gefühl?
ISBN 3-7201-**5223**-5
DM 14,-/öS 102,-/sFr 14,-

Lindner, Roland
Technik zweite Natur des Menschen?
ISBN 3-7201-**5234**-0
DM 14,-/öS 102,-/sFr 14,-

Maier-Leibnitz, Heinz
Der geteilte Plato
Ein Atomphysiker zum Streit um den Fortschritt
ISBN 3-7201-**5138**-7
DM 14,-/öS 102,-/sFr 14,-

Maier-Leibnitz, Heinz
Lernschock Tschernobyl
ISBN 3-7201-**5191**-3
DM 14,-/öS 102,-/sFr 14,-

Markl, Hubert
Die Fortschrittsdroge
ISBN 3-7201-**5243**-X
DM 14,-/öS 102,-/sFr 14,-

Mayer-Tasch, Peter C.
Schon wieder mischen sie Beton ...
Lebensräume zwischen Architektur und Politik
ISBN 3-7201-**5257**-X
DM 22,-/öS 161,-/sFr 22,-

Rühl, Walter
Energiefaktor Erdöl
In 250 Millionen Jahren entstanden – nach 250 Jahren verbraucht?
ISBN 3-7201-**5216**-2
DM 14,-/öS 102,-/sFr 14,-

Schmied, Gerhard
Religion – eine List der Gene?
Soziobiologie contra Schöpfung
ISBN 3-7201-**5219**-7
DM 14,-/öS 102,-/sFr 14,-

Wulffen, Barbara von
Lichtwende
Vorsorglicher Nachruf auf die Natur
ISBN 3-7201-**5178**-6
DM 14,-/öS 102,-/sFr 14,-

Die Reihe wird fortgesetzt. Fordern Sie Informationsmaterial an.

Verlag A. Fromm, Postfach 19 48, D–49009 Osnabrück
Edition Interfrom, Postfach 50 05, CH–8022 Zürich